本书系国家社会科学基金教育学青年课题——"'强基计划'政策执行过程监测与效果评估研究"（课题批准号：CGA210243）的研究成果

基础学科拔尖人才的选拔培养效果评估研究

以"强基计划"为例

崔海丽　著

华东师范大学出版社
·上海·

图书在版编目(CIP)数据

基础学科拔尖人才的选拔培养效果评估研究:以"强基计划"为例/崔海丽著. —上海:华东师范大学出版社,2024. —ISBN 978 - 7 - 5760 - 5005 - 9

Ⅰ. G30

中国国家版本馆 CIP 数据核字第 2024HR2059 号

基础学科拔尖人才的选拔培养效果评估研究
——以"强基计划"为例

著　　者	崔海丽
责任编辑	林青荻
特约审读	李　欢
责任校对	刘伟敏
装帧设计	刘怡霖

出版发行	华东师范大学出版社
社　　址	上海市中山北路 3663 号　邮编 200062
网　　址	www.ecnupress.com.cn
电　　话	021 - 60821666　行政传真 021 - 62572105
客服电话	021 - 62865537　门市(邮购)电话 021 - 62869887
地　　址	上海市中山北路 3663 号华东师范大学校内先锋路口
网　　店	http://hdsdcbs.tmall.com

印 刷 者	常熟市文化印刷有限公司
开　　本	787 毫米×1092 毫米　1/16
印　　张	15
字　　数	199 千字
版　　次	2024 年 9 月第 1 版
印　　次	2024 年 9 月第 1 次
书　　号	ISBN 978 - 7 - 5760 - 5005 - 9
定　　价	68.00 元

出版人　王　焰

(如发现本版图书有印订质量问题,请寄回本社客服中心调换或电话 021 - 62865537 联系)

推荐序一

崔海丽博士近期完成了《基础学科拔尖人才的选拔培养效果评估研究——以"强基计划"为例》的书稿,请我作序。作为她的博士生导师,看到她顺利结项国家社科基金教育学青年课题并以此为基础的成果出版,我十分高兴并欣然应允,写此短序以资鼓励。

博士阶段,她的研究方向主要集中于大学招生、新高考改革等议题,进而以"高校招生自主权"为主题开展博士论文研究。2020年,她博士毕业,进入北京大学教育学院从事博士后研究工作。这一年,恰逢国家颁布"强基计划",开启基础学科拔尖创新人才的选拔培养改革试点工作。

2020年暑假,崔海丽就博士后期间的研究选题与我进行电话沟通,谈及自己今后想要下大力气研究的方向并想听取我的意见,其中一个主题便是"强基计划"政策的实施。届时,试点高校刚完成"强基计划"选拔录取工作,针对政策实施的报道开始在多方媒体平台散播,社会对"强基计划"热议不断。"强基计划"作为一项新政策,政策方案本身以及实施的制度环境,实施主体的政策认知和资源支持,以及相关利益主体(如高中生及家长)对政策的认知和态度等,都直接或间接地影响着这项政策的执行方式和实施效果。作为研究者要能够从学理高度对政策实施进行理性判断,首先需从政策执行视角系统审视不同利益主体在这个过程中的博弈及行动策略,因此有必要去深入了解大学、高中生、高中校长等对政策的态度。其次要以发展视角全过程看待政策实施在不同阶段的新变化,如此更有必要开展长期的追踪研究而非以一时效果作出评判。在多次沟通后,基于前期的研究积累和个人研究志趣,她坚定地选择了"强基计划"政策执行研究这一议题,也顺利获得中国博士后科学基金等课题的资助。

近些年来,国家、高校和社会对拔尖创新人才培养以及基础科学研究的重视程度不断增强,党的二十大报告首次对教育、科技、人才进行了统筹部署、整体谋划,号召"着力造就拔尖创新人才"。"强基计划"政策回应了国家和社会对基础学科拔尖创新人才的战略需求。在实践推进中,试点高校也在不断优化实施方案,结合本校传统和优势条件,探索形成了各具特色的基础学科拔尖人才选拔与培养模式。不过,由于"强基计划"政策涉及面广、参与主体众多,实施过程中的变量因素复杂且多变,政策制定者和实施者需要不断反思推进过程以及完善政策方案,才能为那些进入到该计划的拔尖青年学子们提供更有针对性、更具人性化的支持策略,并最终达成政策目标的实现。在这个过程中,由研究者建立科学、有效的评估指标体系并采用恰当的评估程序与方法,对"强基计划"的实施效果开展过程评估与追踪研究,尤为关键。

值得一提的是,崔海丽紧紧围绕"强基计划"政策以及基础学科拔尖人才的特质来构建评估指标体系对政策效果进行综合评价,方向十分明确。同时,基于其在华东师范大学、北京大学、上海交通大学三所高校求学与任职的便利条件(这些学校的办学定位与特色存在明显差异,"强基计划"政策实施模式也各有千秋),开展了针对不同年级、不同专业强基学生以及其他利益主体的多轮调研;多次参与到后两所高校的年度本科招生工作中去,收集了十分翔实的数据和资料,为课题研究顺利进行奠定了坚实基础。但不可避免的是,任何评估方式的使用都有利有弊,政策实施过程与效果的复杂性也决定着我们应审慎看待与推理各类评估结果。科学的研究是永无止境的。该书也仅是针对"强基计划"政策实施效果评估的一个探索,对于中国的教育政策研究来说,我们期望未来有更多密切关注中国现实、关注中国教育发展热点和难点问题的研究出现,以科学研究服务于教育决策,为教育决策当好参谋,推动实践的真正变革。

是以为序。

华东师范大学教育学部　袁振国

2024 年 5 月 14 日

推荐序二

崔海丽博士在完成国家社科基金教育学青年课题的基础上，撰写了本书稿。她于2020年在华东师范大学教育学部取得博士学位，随后来到北京大学教育学院开展博士后研究工作，2022年博士后出站即入职上海交通大学教育学院。我是她在北大博士后研究期间的合作导师，非常高兴看到她有此有意义和有分量的研究成果出版，并写上简短的序言，予以鼓励和支持。

2020年，国家实施基础学科高校招生改革试点（简称"强基计划"），今年正好是第四个年头，进入"强基计划"的学生都将于今年暑期完成本科学业，其中绝大部分学生顺利进行了"强基转段"，将于今年秋天开始研究生阶段的学习。在"强基计划"恰好走入四年一个周期这个时间点上，崔海丽将其四年来的追踪研究成果出版，有特别的意义。

在大学人才培养上，如何处理好"普及"与"提高"之间的关系，是所有国家都面临的一个问题，有些国家人才培养的计划性强一些，另一些国家的市场性强一些，但无论在人才培养途径上存在怎样的差异，高等教育系统的分层是一个客观事实。对于"计划"与"市场"这两种做法孰优孰劣，难以有一个简单的结论，因此开展此方面的研究工作，宜采取"美美与共"的态度，每一方选择都不要忽视对立方选择可能存在的合理性，都应该虚心地从对立方学习和借鉴有益的东西。另外，高等教育系统的复杂性特征决定了，即使是人才质量提高部分也不是由"一个人才计划"或"几个人才计划"就可以保证得了的，计划外的因素对于人才培养质量产生的影响一点不比计划内的因素更轻，而且计划本身会出现许多事先想不到的情况,因此要给人才培养基层机构留下一定的自主权,使得它们可以不断地进行自我纠正和完善。对于"强基计划"政策的评估,也要充分考虑到外部环境和计划本身的不确定性产生的影响,否则难以使人心悦诚服。

在本研究中,崔海丽将强基生作为研究对象,通过他们的态度和行为表现对"强基计划"的实施效果进行评价,她关注的评价指标包括强基生的背景特征、专业兴趣、未来规划清晰程度、学术志趣、职业价值观、社会与情感能力等,采用质性与量化相结合的研究方式,通过历史追溯、现状剖析、比较分析,旨在发现"强基计划"在实施过程中遇到的问题,讨论可能的解决途径。一般而言,这是一个比较周全的研究设计。在研究中,她保持一种自我反省意识,审视本研究可能的局限性,比如指出"仅使用对一所试点高校的调查数据进行评估"等,从而给读者以忠告,并对今后研究工作的开展给出一定的建议。

在我看来,即使崔海丽的研究设计已经比较周全,但是与现实的复杂性相比,仍然存在着一定的距离。我自己没有专门研究过"强基计划"及其效果评估方面的问题,无法给出直接的意见,但是可以迂回地从自己的一段工作经历的角度来谈一点体会。由于本人担任教育学院院长职务,我从2019年开始至今一直作为监事成员参加北大招生委员会的工作。由于大学招生工作的政策性很强,工作失误带来的后果也比较严重,难以由个人甚至招生办公室来承担,因此北京大学采取委员会集体工作的方式,由大学教务长担任招生委员会主任,由招生办公室协助召集会议,来自学校不同学科和职能部门的代表就招生中的有关工作事宜进行定期讨论,学校纪委书记和负责学生工作的副校长也是招生委员会的当然成员。每次召开招生工作会议时,都要对学校重要的招生政策展开讨论,讨论有时进行得很激烈,力争制度没有漏洞和政策文本不存歧义。对我而言,这项工作虽然耗时不少,但是对于理解大学招生过程中国家政策与学校利益、公平与质量、制度与自主、功利与超功利等关系,都带来启发性的思考。崔海丽在北大从事博士后研究期间，我也把这段工作经历的体会告诉过她，提醒她政策评估的复杂性。这与我受的学术训练有一定的关系，我会有意识地从"理性"和"理性的对立面"（或称"有限理性"）这两个不同的角度思考和看待问题，似乎这样才更符合大学教育本身的复杂性特征和研究的公允性要求。我认为，教育政策评估研究只注意到理性一面是不够的，同样应该关注隐秘的有限理性的另一面，后一面常常难以通过惯常的问卷调查和普通的访谈方式来达成。于此，我认为，国家有关"强基计划"的招生政策和其他的教育政策还在继续实施，相应的研究工作也应该跟上，意识到不足才能够不断改进和完善。

是以为序。

北京大学教育学院　阎凤桥

2024年5月14日于燕园

目 录

导 言 　　　　　　　　　　　　　　　　　　　　　　　　1

第一部分　研究基础与框架

第一章　绪论　　　　　　　　　　　　　　　　　　　　3
一、研究的背景　　　　　　　　　　　　　　　　　　　3
二、相关文献的述评　　　　　　　　　　　　　　　　　6
三、研究方法与框架　　　　　　　　　　　　　　　　　24

第二章　拔尖人才选拔培养效果评估的研究借鉴　　　　31
一、拔尖人才的能力特点　　　　　　　　　　　　　　　31
二、拔尖人才的识别与选拔　　　　　　　　　　　　　　40
三、拔尖人才的培养效果　　　　　　　　　　　　　　　45

第三章　"强基计划"政策实施评估的指标构建　　　　49
一、试点高校的招生政策及调整　　　　　　　　　　　　49
二、试点高校培养的共性与差异　　　　　　　　　　　　59

三、评估"强基计划"效果的指标　　　　　　　　　　　65

第二部分　拔尖人才选拔效果评估

第四章　"强基计划"学生的基本特征　　　　　　　　71
　　一、研究问题提出　　　　　　　　　　　　　　　71
　　二、相关文献综述　　　　　　　　　　　　　　　72
　　三、分析策略　　　　　　　　　　　　　　　　　76
　　四、分析结果　　　　　　　　　　　　　　　　　82
　　五、结论建议　　　　　　　　　　　　　　　　　90

第五章　"强基计划"学生的专业兴趣　　　　　　　　96
　　一、研究问题提出　　　　　　　　　　　　　　　96
　　二、相关文献综述　　　　　　　　　　　　　　　99
　　三、分析策略　　　　　　　　　　　　　　　　　106
　　四、分析结果　　　　　　　　　　　　　　　　　111
　　五、结论建议　　　　　　　　　　　　　　　　　116

第六章　"强基计划"学生的规划清晰程度　　　　　　121
　　一、研究问题提出　　　　　　　　　　　　　　　121
　　二、相关文献综述　　　　　　　　　　　　　　　123

三、分析策略　　130
　　四、分析结果　　134
　　五、结论建议　　138

第三部分　拔尖人才培养效果评估

第七章　"强基计划"学生的学术志趣　　147
　　一、研究问题提出　　147
　　二、相关文献综述　　149
　　三、分析策略　　159
　　四、分析结果　　162
　　五、结论建议　　171

第八章　"强基计划"学生的职业价值观水平　　175
　　一、研究问题提出　　175
　　二、相关文献综述　　177
　　三、分析策略　　182
　　四、分析结果　　182
　　五、结论建议　　189

第九章 "强基计划"学生的社会与情感能力   193
  一、研究问题提出   193
  二、相关文献综述   195
  三、分析框架   198
  四、分析结果   199
  五、结论建议   216

结　语   220

后　记   222

导 言

拔尖人才的选拔与培养是世界性的教育议题。面临着世界百年未有之大变局,新一轮科技革命和产业变革深入发展,国际力量对比深刻调整,党和国家事业发展对于拔尖人才的需求更加迫切。2021年9月,习近平总书记在中央人才工作会议上强调:"当前,我国进入了全面建设社会主义现代化国家、向第二个百年奋斗目标进军的新征程,我们比历史上任何时期都更加接近实现中华民族伟大复兴的宏伟目标,也比历史上任何时期都更加渴求人才。"在党的二十大报告中,他进一步强调:"教育、科技、人才是全面建设社会主义现代化国家的基础性、战略性支撑。必须坚持科技是第一生产力、人才是第一资源、创新是第一动力,深入实施科教兴国战略、人才强国战略、创新驱动发展战略……全面提高人才自主培养质量,着力造就拔尖创新人才。"

我国在拔尖人才的选拔和培育方面开展了诸多有益的探索实践,尤其是在高等教育的本科人才培养阶段。为了服务于国家重大战略需求,2020年我国启动实施了"强基计划",旨在通过改革选拔和培养一批基础学科领域的拔尖人才。这是继自主招生、"拔尖计划"之后,中国高校培养拔尖人才的又一次重大尝试,体现了国家、高校和社会对拔尖人才选拔培养一以贯之的重视和需求。与此同时,国内外学界以及社会各界对拔尖人才选拔培养的研究和讨论也一直持续着。

全书以"强基计划"政策为基础,立足于试点高校实施"强基计划"的现实进展,围绕与基础学科拔尖人才的特质、识别策略、选拔效果和培养效果等密切相关的议题开展学术探讨与实证研究。结合已有研究成果和"强基计划"政策目标,本书确立了对"强基计划"选拔效果和培养效果进行评估的指标体系,重点对"强基计划"录取学生(简称"强基生")的背景特征、专业兴趣、未来规划清晰程度、学术志趣、职业价值观、社会与情感能力等方面的发展情况进行评估。整体来说,全书将质性分析与量化研究相结合,采用历史追溯、现状剖析、比较分析等多种分析方式,描绘我国试点高校基础学科拔尖人才选拔培养的改革举措与发展成果。与此同时,本书也力求细致入微地揭示"强基计划"人才选拔与培养过程中遇到的问题,并从政策完善、资源配套、"高中—大学"联动等方面讨论可能的解决途径,以期对未来我国更有效地培养基础学科拔尖人才有所启示。

第一部分
研究基础与框架

第一章　绪论

一、研究的背景

基础学科是科学大厦的基石、高新技术的源泉、经济发展的后盾。[①] 强化基础学科领域人才的培养和储备,提升基础学科学术研究的水平,对国家和社会的长远发展具有巨大的战略价值。党和国家高度重视基础学科的高质量人才培养体系建设,十分强调培养造就一大批国家创新发展所急需的基础研究人才的重要性。近些年来,在国际上科技和人才的竞争日趋激烈的背景下,国家更是颁布与实施了一系列推进基础学科拔尖人才选拔培养的政策。

1990—2008年,国家试点建设基础学科基地。1990年,我国教育部门以理科为抓手,确定了"少而精、高层次"的基础学科人才培养改革发展方向,提出了高等理科教育深化改革目标。即用5年时间,为初步建立起适应我国社会主义建设需要且面向21世纪、水平较高的高等理科教育体系,着手在全国重点综合大学和少数全国重点理工科大学中分批遴选、重点建设一批数学、物理学、化学、生物学、地理学等学科基础较好、具有重要影响和带头作用的专业点,促使这些专业点成为我国基础学科研究和创新人才培养的基地。此后,研究和人才基地建设逐步扩展

[①] 韩文秀,陈士俊,刘淑华,等.基石与潜力——基础学科发展的历史现状分析与基金分配[M].北京:科学技术文献出版社,1994:22+24+25.

到文、医、药等学科专业。2002年,党的十六大报告首次正式提出了"拔尖创新人才"的概念,指出"全面推进素质教育,造就数以亿计的高素质劳动者、数以千万计的专门人才和一大批拔尖创新人才"。2003年,中共中央、国务院印发《关于进一步加强人才工作的决定》,进一步提出我国必须"走人才强国之路",努力培养"一大批拔尖创新人才,建设规模宏大、结构合理、素质较高的人才队伍"。

2009—2020年,依托"拔尖计划"推进基础学科拔尖创新人才的培养。随着高等教育规模的扩大,教育质量的提升成为新时期高等教育发展的重点,拔尖人才的培养也随之受到社会重视。密切关注国内基础学科研究和人才培养工作的钱学森于2005年提出"为什么我们的学校总是培养不出杰出人才"的问题,并将之归因为"没有一所大学能够按照培养科学技术发明创造人才的模式去办学"[1]。为了回应钱学森之问,满足经济社会发展对拔尖创新人才不断增长的需求,教育部联合中共中央组织部、财政部于2009年正式启动实施"基础学科拔尖学生培养试验计划"(简称"拔尖计划1.0"),并颁布了相关的配套支持政策,旨在在高水平研究型大学和科研院所的优势基础学科中建设一批适合培养拔尖创新人才成长的试验区,吸引并努力将最优秀的学生培养为各领域未来学术领军人物。[2] 自2010年起,19所国内一流高校的数学、物理学、化学等专业试行"拔尖计划"。同时,一些大学和科研院所先后开办了基础学科拔尖人才培养试验班,如华罗庚数学英才班、严济慈物理学英才班等,探索拔尖人才培养新模式。此后,为持续深入推进"拔尖计划",2018年,教育部、科技部等六部门联合发布《关于实施基础学科拔尖学生培养计划2.0的意见》(简称"拔尖计划2.0"),提出经过5年努力,建设一批国家青年英才培养基地,拔尖人才选拔和培养模式更加完善、培养机制更加健全、

---

[1] 李斌.亲切的交谈——温家宝看望季羡林、钱学森侧记[N].人民日报,2005-07-31(1).
[2] 陶宇斐.我国本科基础学科拔尖人才培养改革的回眸、反思与建议[J].高校教育管理,2023(3):88—99.

基础学科学生培养计划引领示范作用更加凸显,初步形成中国特色、世界水平的基础学科拔尖人才培养体系。"拔尖计划2.0"将学科拓展到包括计算机科学、心理学、历史学等在内的17个学科,遴选85所高校199个试点基地,着力培养未来杰出的自然科学家、社会科学家和医学科学家,为把我国建成世界主要科学中心和创新高地奠定人才基础。①② 截至目前,"拔尖计划2.0"共遴选77所高校的288个基地,入选高校包括综合类、理工类、师范类等不同类型,覆盖数学、物理学、计算机科学等20个学科。同时,2018年,教育部全面启动实施"六卓越一拔尖"人才计划,包括卓越工程师、卓越法律人才、卓越农林人才、卓越新闻传播人才、卓越医生、卓越教师教育培养计划以及基础学科拔尖学生培养试验计划,大力培养德学兼修的各类高素质人才。③

  2020年至今,依托"强基计划"和"拔尖计划"共同推进拔尖创新人才的选拔培养。拔尖创新人才的选拔培养一直受到世界各国的普遍重视,不同国家根据教育、科技和经济发展的不同阶段开展了特色化实践。为服务国家重大战略需求、推进拔尖人才的选拔改革,2020年,教育部选取36所高校试点开展基础学科招生改革试点工作(即"强基计划")。"强基计划"明确指出选拔与培养高端芯片与软件、先进制造、智能科技和国家安全等关键领域或国家紧缺的人文社科领域拔尖人才,试点专业覆盖数学、物理学、化学等理工类专业,以及考古学、历史学、语言文学等人文社科类专业。试点高校可以根据本校办学特色、自身优势学科、师资

---

① 中华人民共和国教育部.教育部公布第二批基础学科拔尖学生培养计划2.0基地名单[EB/OL].(2021-02-05)[2021-09-01]. http://www.moe.gov.cn/jyb_xwfb/gzdt_gzdt/s5987/202102/t20210205_512645.html.

② 中华人民共和国教育部.深入实施拔尖计划2.0 加快基础学科拔尖学生培养[EB/OL].(2021-02-05)[2024-05-07]. http://www.moe.gov.cn/jyb_xwfb/s271/202102/t20210205_512643.html.

③ 张建红."双一流"建设背景下我国高校拔尖创新人才培养研究[J].江苏高教,2021(7):70—74.

5

队伍、人才培养水平等,科学设置强基招生专业,招收一批综合素质优秀或基础学科拔尖的学生加以专门化培养。至此,我国基于国家战略部署的高度颁布实施的"强基计划",与正在实施的"拔尖计划""六卓越一拔尖"计划等人才培养计划协调和配合,共同服务于基础学科拔尖人才的选拔培养。2023年,党的二十大报告进一步强调指出,我们要"着力造就拔尖创新人才……加强基础学科、新兴学科、交叉学科建设",体现了我国坚持走人才自主培养之路、培养拔尖创新人才的信心和决心。

从"拔尖计划1.0"到"拔尖计划2.0",再到"强基计划",这些政策的出台与持续推进,体现了国家政策的连续性和稳定性,也反映着政府和社会对拔尖人才选拔与培养的重视和需求。然而,相较于"拔尖计划","强基计划"既涉及试点高校的招生录取制度改革,也关系到基础学科拔尖人才培养,更是未来我国高校除高考统招以外选拔与培养基础学科拔尖人才的一种重要方式。考虑到该政策的特殊性,本书以"强基计划"实施为分析对象,对基础学科拔尖人才的选拔与培养效果开展研究,以期对试点高校"强基计划"政策执行过程和实施效果进行评估和诊断,及时检验"强基计划"的政策目标达成度,发现可能出现的偏离及其影响因素,从而为大学拔尖人才选拔培养制度的改革深化提供学理透视与实践建议。

二、相关文献的述评

如何培养拔尖人才一直是我国社会各界关注的热点话题。国内研究者围绕我国拔尖人才培养项目(尤其是"拔尖计划")存在的问题、人才培养的成效等展开研究。考虑到我国部分高校培养拔尖人才以及实施"拔尖计划"的时间早于"强基计划"政策的时间,本部分首先对我国试点高校的拔尖人才培养实践进行总结,其次对有关培养效果评估的研究进行综述,最后对"强基计划"政策及其实施效果的研究进行分析,以期系统描述学界关于拔尖人才选拔培养的实践状况和效果评估的研究现状。

(一) 本科拔尖人才的培养实践

在试点高校实施"拔尖计划"的课程与教学模式方面,研究者们指出这些高校的做法主要包括:一是通识教育与专业教育相结合。[1][2][3] 如西安交通大学打通大学教育阶段的全过程,制定本研紧密衔接培养方案,确定了大类培养框架下通识教育与专业教育深度融合的本科培养模式。[4] 二是依托优势学科,实施跨学科培养。[5][6][7][8] 如大连理工大学设立4个创新实验班,对这些学生实施跨学科复合交叉人才培养模式。[9] 三是实行学分制,学生自由选课。即拔尖学生可以跨院系选修几乎所有本科课程,也有高校打通本、硕、博的课程体系来让学生自由选课。[10]

---

[1] 邹晓东,李铭霞,陆国栋,等.从混合班到竺可桢学院——浙江大学培养拔尖创新人才的探索之路[J].高等工程教育研究,2010(1):64—74.
[2] 白春章,陈其荣,张慧洁.拔尖创新人才成长规律与培养模式研究述评[J].教育研究,2012,33(12):147—151.
[3] 郑昱,蔡颖蔚,徐骏.跨学科教育与拔尖创新人才培养[J].中国大学教学,2019(Z1):36—40.
[4] 徐飞.打造新机遇下拔尖创新人才培养升级版[J].中国高等教育,2016(9):38—40.
[5] 马廷奇.交叉学科建设与拔尖创新人才培养[J].高等教育研究,2011,32(6):73—77.
[6] 王牧华,袁金茹.交叉学科培养本科拔尖创新人才的机制创新与体制变革[J].西南大学学报(社会科学版),2015,41(2):66—72+190.
[7] 钱再见.荣誉学院拔尖创新人才培养的理念、困境与路径——以荣誉教育为视角[J].南京师大学报(社会科学版),2017(1):65—74.
[8] 王洪才.地方本科院校如何开展精英教育[J].湖南师范大学教育科学学报,2019,18(5):108—113.
[9] 李志义,朱泓,刘志军,等.研究型大学拔尖创新人才培养体系的构建与实践[J].高等工程教育研究,2013(5):130—134.
[10] 张清,姚婷.荣誉教育的模式构建与路径选择[J].中国大学教学,2018(4):90—95.

如湖南大学实施弹性学制下的学分制改革,实施"2+2"两阶段培养模式;[1]中国科技大学英才班的学生可以根据各自对知识结构、学业进度等不同需求,设计个性化学习方案、自主选课。[2] 四是重视科研训练,为学生科研素质培养提供资源和条件。大学普遍做法是向本科生开放各类科研基地、鼓励学生申请并参与大学生科研课题、本科生参与导师负责的科研项目等。[3] 一些大学则创新培养模式,利用校内外科研合作平台,使本科生有机会参与科研实践活动。[4] 如中国科技大学与中国科学院合作实施"两段式"培养,即第一阶段基础教育在大学内进行,第二阶段的专业教育由大学与中国科学院相关研究院联合完成。[5]

在试点高校"拔尖计划"实施的院校协同育人机制上,学者们通过分析指出这种机制主要分为三种:一是本硕一体的育人模式。如北京交通大学建立本科生与研究生培养相结合的轨道交通卓越工程人才"3+1+1+1"校企双导师培养模式;[6]西安交通大学的基础学科拔尖学生培养计划,结合学校工科优势,贯通本硕博,以培养未来工程科学家。[7][8] 二是推进国际化培养,拓宽拔尖学生的国际视野。主要体现在两个方面:一方面是促进学生参与国际学术交流活动,如选派拔

---

[1] 黄立宏,龚理专,李勇军.拔尖创新人才培养的探索[J].中国大学教学,2009(6):24—26.
[2] 陈初升,蒋家平,刘斌.个性化 长周期 三结合 致力于拔尖创新人才培养[J].中国高等教育,2010(21):17—19.
[3] 怀进鹏.加大改革力度 把一流学生培养成一流人才[J].中国高等教育,2012(11):51—54.
[4] 占艺,余龙江,谢红萍,等.科教协同驱动的拔尖人才培养体系建设研究[J].中国大学教学,2017(10):55—58.
[5] 杨凡,周丛照.科教结合 协同育人——中国科大拔尖创新人才培养模式的探索与实践[J].中国大学教学,2015(1):20—22.
[6] 陈颖.全面协同 培养拔尖创新人才[J].中国大学教学,2012(4):29—30.
[7] 张建林.模式优化:36年来本科拔尖创新人才培养工作改革与发展的轴心线[J].教育研究,2015,36(10):18—22.
[8] 王娟,杨森,赵婧方."拔尖计划"2.0背景下提升创新人才培养质量的思考与实践[J].中国大学教学,2019(3):19—24.

尖学生参加长期或短期国际交流项目、国际专业类竞赛和国际学术会议等;[1][2][3]另一方面是聘请国际著名学者为试验班学生开课,采用英文教材,实施全英文授课,集中强化学生英语水平等。[4] 三是开展校企合作,创新产学研合作模式。如北京航空航天大学与不同企业建立合作关系,拔尖学生可以参与到这些企业的生产实践和产品研发中;[5]北京交通大学与企业协同建立100余个大学生实习基地,为拔尖学生的"集中"实习和创新实践提供平台。[6]

试点高校实施"拔尖计划"的组织管理体制主要包括以下四个方面。一是通过不同组织形式,进行精准培养。具体分为三类:第一类是组建专门精英学院,开展拔尖人才的专门化培养,如北京大学元培学院、浙江大学竺可桢学院、华中科技大学启明学院、上海交通大学致远学院等。[7] 第二类是面向不同类型人才设立专门的试验班,实施小班化教学,通常由专业院系主导。如大连理工大学的华罗庚数学班、国际班、校企"卓越计划班"等;[8]清华大学的"学堂班"("姚班""钱班")。[9] 第三类是以普通班为依托,对拔尖学生辅以专门指导[10],通常是由校级的

---

[1] 张树永,吴臻,胡金焱,等.创建"三制四性七化"模式 培养拔尖创新人才[J].中国高等教育,2013(2):37—39.
[2] 叶俊飞.从"少年班""基地班"到"拔尖计划"的实施——35年来我国基础学科拔尖人才培养的回溯与前瞻[J].中国高教研究,2014(4):13—19.
[3] 郑庆华.深化本科教育教学改革"四位一体"培养拔尖创新人才[J].高等工程教育研究,2016(3):80—84.
[4] 徐晓媛,史代敏.拔尖创新人才培养模式的调研与思考[J].国家教育行政学院学报,2011(4):81—84.
[5] 怀进鹏.加大改革力度 把一流学生培养成一流人才[J].中国高等教育,2012(11):51—54.
[6] 陈颖.全面协同 培养拔尖创新人才[J].中国大学教学,2012(4):29—30.
[7] 于海琴,方雨果,李婧.本科拔尖创新人才"试验区"建设的现状与展望[J].江苏高教,2014(1):79—82.
[8] 洪大用.积极探索人文社会科学拔尖创新人才培养模式[J].中国高等教育,2010(Z2):41—43.
[9] 陆一,史静寰,何雪冰.封闭与开放之间:中国特色大学拔尖创新人才培养模式分类体系与特征研究[J].教育研究,2018,39(3):46—54.
[10] 吴爱华,侯永峰,陈精锋,等.深入实施"拔尖计划"探索拔尖创新人才培养机制[J].中国大学教学,2014(3):4—8.

教务处、团委等部门来制订专项培养计划、配置资源、组织人才遴选与考核等,如"复旦大学本科生学术研究资助计划"①。二是建立专业导师制,对学生进行针对性指导。大学通常是在实施导师制的同时,为拔尖学生配备专门的班主任和辅导员。②③ 但一些大学则结合本校创新人才的培养模式,实施差别化的指导方式,如山东大学"泰山学堂"在大一和大二对学生实施教授小组指导制,大三之后实施双导师制;④中国科技大学在本科低年级为拔尖人才配备学业导师,高年级专业学习阶段则与中国科学院共建单位合作配备双导师。⑤ 三是建立竞争机制,实施滚动式培养。如上海交通大学致远书院、山东大学"泰山学堂"等实施"滚动选拔机制"⑥;兰州大学生物学基地班实施滚动制度,每学期转出10%左右不适合的学生,并选拔其他班额学生补充。⑦ 四是建立完善激励机制,设立专项奖学金,加大奖励力度。⑧

(二) 本科拔尖人才培养效果

1. 拔尖人才培养的问题

学者们对"拔尖计划"实施过程中在人才培养理念、课程教学、保障举措、评价

---

① 陆一,史静寰,何雪冰.封闭与开放之间:中国特色大学拔尖创新人才培养模式分类体系与特征研究[J].教育研究,2018,39(3):46—54.
② 黄立宏,龚理专,李勇军.拔尖创新人才培养的探索[J].中国大学教学,2009(6):24—26.
③ 沈淑雯.加强理科基础建设 培养拔尖人才[J].中国大学教学,2007(10):26—28.
④ 张树永,吴臻,胡金炎,等.创建"三制四性七化"模式 培养拔尖创新人才[J].中国高等教育,2013(2):37—39.
⑤ 杨凡,周丛照.科教结合 协同育人——中国科大拔尖创新人才培养模式的探索与实践[J].中国大学教学,2015(1):20—22.
⑥ 汪小帆,沈悦青."三位一体"培养基础学科拔尖创新人才[J].中国高等教育,2014(21):23—25.
⑦ 叶俊飞.从"少年班""基地班"到"拔尖计划"的实施——35年来我国基础学科拔尖人才培养的回溯与前瞻[J].中国高教研究,2014(4):13—19.
⑧ 姚期智.拔尖创新人才培养的新理念与新探索[J].中国高教研究,2011(12):1—2.

机制等不同方面存在的问题进行了剖析。在人才培养理念方面存在的问题主要有：一是院校之间的试验模式趋同现象严重,违背了拔尖创新人才的个性化成长规律。①② 二是高校沿袭以往"学习量加法"的思路,采取加深课程难度和考试难度、提升学业挑战度等方式培养学生。③ 三是重视人才的选拔而轻视培育。关于培养拔尖人才的路径和关键节点仍不确定,特别是如何培养有潜力的学生成为顶尖科学家更是缺乏培养范式、理论和模型指导；由于特别看重天赋智商和能力,强调对于拔尖人才的界定甄别、特征与评估,在操作中重视选拔而轻培育。某种程度上,筛选功能捆绑了培育功能。④

在课程教学方面存在的问题主要有：一是课程教学难以适应学生需求。有学者认为拔尖人才培养将所有学生放在一个项目内培养,未能区分学生类型并相应调整课程体系以适应学生的需求,忽视学生个性发展。⑤⑥⑦ 二是课程设置过于追求高难度。如有学者指出有些大学课程设置不顾学生兴趣、需求和实际接受能力,过于强调高难度。⑧ 三是课堂教学理念未发生太大改变。有学者指出一些高校在课堂以外采取大量培养措施,但课堂教学理念和方法没有改变,依然采用"系统知识传授"方法由教师向学生传授标准化知识；⑨大学对拔尖人才的课

---

① 于海琴,方雨果,李婧.本科拔尖创新人才"试验区"建设的现状与展望[J].江苏高教,2014(1):79—82.
② 阎琨.中国大学拔尖人才培养项目内部冲突实证研究[J].清华大学教育研究,2018(5):63—74.
③ 卢晓东.如何破解"钱学森之问"?——兼论创新人才培养与大学教学改革[J].中国高校科技,2011(7):9—12.
④ 阎琨.中国精英大学拔尖人才培养的误区和重构[J].高等工程教育研究,2018(6):161—167.
⑤ 阎琨.中国精英大学拔尖人才培养的误区和重构[J].高等工程教育研究,2018(6):161—167.
⑥ 孙梅.高校拔尖人才培养:问题、价值与对策[J].湖南社会科学,2015(6):204—207.
⑦ 阎琨.中国大学拔尖人才培养项目内部冲突实证研究[J].清华大学教育研究,2018(5):63—74.
⑧ 吕成祯,钟蓉戎.有灵魂的卓越:拔尖创新人才培养的终极诉求[J].教育发展研究,2015,35(Z1):56—60.
⑨ 孙梅.高校拔尖人才培养:问题、价值与对策[J].湖南社会科学,2015(6):204—207.

程内容体系不能及时反映学科发展和科学研究前沿,优秀外文原版教材采用不够。[1]

在人才培养保障举措上存在的问题主要有:一是导师制并未得到贯彻落实。一些高校的拔尖学生与导师之间的接触非常少,导师对学生发展引导作用未得到体现;[2]一些高校的拔尖学生在导师指导下参加科研项目的机会也是严重缺乏的。[3] 二是对拔尖人才培养的资源保障不够。部分大学统筹协同资源用于拔尖人才的努力不够,各个单位之间难以形成合力;部分大学资源对拔尖人才的开放度不足,高水平师资力量得不到保障。[4] 三是项目实施缺乏系统规划。"拔尖人才"项目在教育供给方面(如项目规划、课程教学、教材选择、教师职业培训、学生职业指导等),都缺乏系统的设计和理论规划。[5]

在学生评价体系上存在的问题主要有:一是滚动机制(即淘汰机制)过分强调分数和成绩绩点。学校在对学生的选拔与评价上唯分数论,这一导向造就了统一模式、浮躁氛围,学生缺少选择权和自主权,制约了其自由发展和自主学习,尤其是个性、兴趣的发展。[6][7]例如,有些学校按成绩排名实行末位淘汰,有些学校则规定平均绩点达到3.0才能继续在该实验班学习。[8] 二是评价标准过于重视量化

---

[1] 彭泽平,姚琳.大学本科拔尖创新人才培养:困境与出路[J].国家教育行政学院学报,2016(3):40—44.
[2] 熊丙奇.高校创新人才培养的两大误区及调整策略[J].中国高等教育,2008(5):28—30.
[3] 王洪才.地方本科院校如何开展精英教育[J].湖南师范大学教育科学学报,2019,18(5):108—113.
[4] 彭泽平,姚琳.大学本科拔尖创新人才培养:困境与出路[J].国家教育行政学院学报,2016(3):40—44.
[5] 阎琨.中国精英大学拔尖人才培养的误区和重构[J].高等工程教育研究,2018(6):161—167.
[6] 于海琴,方雨果,李婧.本科拔尖创新人才"试验区"建设的现状与展望[J].江苏高教,2014(1):79—82.
[7] 钱再见.荣誉学院拔尖创新人才培养的理念、困境与路径——以荣誉教育为视角[J].南京师大学报(社会科学版),2017(1):65—74.
[8] 吕成祯,钟蓉戎.有灵魂的卓越:拔尖创新人才培养的终极诉求[J].教育发展研究,2015,35(Z1):56—60.

指标,如考研率、出国率、科研成果。部分高校将毕业生的出国率、考研率、就业率作为培养拔尖创新人才的目标,导致学生学习目标偏离。[①][②] 有些学校试验区的宣传网页、成果资料中,均以立项数量、获奖数量等明显指标作为评价标准,很少涉及学生的学习变化、学习感受。[③]

2. 拔尖人才培养的成效

学者们通过质性或量化的方式对"拔尖计划"的人才培养项目进行了评价。一些研究重点对"拔尖计划"人才培养产生的积极效果进行评估。例如,有学者分析表明"拔尖计划"通过试验班、本硕博联通培养等方式,优化了学生的知识结构,增强了专业竞争能力,培养了他们的自主创新能力,学生的满意度和社会认可度均较高。[④] 在培养的5 500余名毕业生中,97%的学生选择继续深造,学生们普遍表现出既有远大理想又脚踏实地的精神风貌,批判性思维能力、知识整合能力、团队协作能力突出。[⑤] 有学者结合调查结果分析"拔尖人才"培养的积极成效,指出"拔尖计划"的学生大部分选择继续学术深造,很多学生在本科阶段已经表现出很好的学术潜质,在学术产出方面崭露头角,"拔尖计划"政策的效应大约在政策开展4—5年后逐步有所展现。[⑥] 有研究者通过对上海交通大学"拔尖计划"首届毕业生的调查发现,八成以上毕业生从事学术研究工作,数理融通课程对塑造学生

[①] 吕成祯,钟蓉戎.有灵魂的卓越:拔尖创新人才培养的终极诉求[J].教育发展研究,2015,35(Z1):56—60.
[②] 王洪才.地方本科院校如何开展精英教育[J].湖南师范大学教育科学学报,2019,18(5):108—113.
[③] 殷朝晖.我国高校拔尖创新人才培养"试验区"建设研究[J].江苏高教,2011(4):99—101.
[④] 洪大用.积极探索人文社会科学拔尖创新人才培养模式[J].中国高等教育,2010(Z2):41—43.
[⑤] 王娟,杨森,赵婧方."拔尖计划"2.0背景下提升创新人才培养质量的思考与实践[J].中国大学教学,2019(3):19—24.
[⑥] 李曼丽,苏芃,吴凡,等."基础学科拔尖学生培养计划"的培养与成效研究[J].清华大学教育研究,2019,40(1):31—39+96.

思维方式和激发科研兴趣起到关键作用,科研实践能够提高学生解决问题能力、培养团队精神、增强科研自我效能感,参与学习共同体有助于形成学者身份认同。① 有研究者考察了清华大学"学堂计划"的培养效果,指出入选"学堂计划"的学生毕业后有超过90%选择读研深造,其中国内深造和国外深造的比例大致在1∶5至1∶2之间。② 有学者通过对两所"双一流"建设高校四个理工科专业的拔尖学生的调查,综合考察从不同渠道培养的拔尖人才的创新发展成绩,结果发现高创新性拔尖人才的创新行为主要体现在五个方面,即拥有来自兴趣与指向成就的创新动机,具备观察敏锐、理解深入、善于联系的创新学习,表现出新颖的问题提出和问题解决创意,展示出领导、合作或独立的创新行动,取得了物化的成果或精神性的收获。③ 也有学者从对部分高校"拔尖计划"学生关于自身拔尖性的认知的访谈分析发现,他们对自身拔尖性的认知可分别归为学业成绩优秀、学科兴趣、学术理想三类;在学院制和实体化班级培养模式下,"拔尖计划"学生易将拔尖性简单指向学业成绩优秀,但在虚拟班级培养模式下,学生多将拔尖性归结为浓厚的学科兴趣,同时也有少数学生经由探究性学习而深刻感知到学科及学术的价值。

另一些研究比较分析了"拔尖计划"培养的学生与其他学生之间的差异。例如,有学者调查表明拔尖学生的学术导向指标优于普通本科生(如课程认知目标达成、主动合作学习、学习意愿、学习能力),但社会导向指标(如社会实践、志愿服

---

① 沈悦青,刘继安,章俊良,等.本科学术型拔尖人才培养过程要素及作用机理——基于上海交通大学"拔尖计划"首届毕业生的调查[J].高等工程教育研究,2021(8):170—176.
② 郭哲,王孙禺."强基计划"背景下拔尖创新人才培养的时代内涵与建构路径[J].中国高等教育,2020(20):53—55.
③ 于海琴.大学生的创新行为模型及其价值——基于对本科高创新性拔尖人才的扎根理论研究[J].高等教育研究,2019(9):68—77.

务、组织能力)上低于普通本科生。① 有学者通过对全国 12 所"拔尖计划"高校的 1610 名"拔尖生"的问卷调查,发现"拔尖生"的深度学习表现优于一流大学建设高校本科生群体,但却弱于美国一流大学本科生群体,特别是在体现综合、创新等特质的深度学习的高阶性维度上落后明显。②

培养拔尖人才实验项目面临的最大难题是如何评价实验效果。通常情况下学者们采用间接方式来证明实验效果,这个方式就是考研率或考研成果率,特别是出国深造率,这导致培养实验过程设计异化,即在课程设计、教学内容上以考研为指挥棒。③ 有学者指出,目前我国精英大学的拔尖人才项目缺乏对拔尖人才培养效果的指标体系和评估模型,缺乏对精英大学拔尖人才项目培养现状的监测和评估研究;在整体评估模型缺乏的情况下,目前对个人评价显示出功利化导向,即项目越发倾向于重视拔尖学生个体的学术生产力和成功。④

当然,目前已有研究在试点高校"拔尖计划"的实施现状与存在问题、拔尖人才培养的效果等方面取得了丰富成果,为我们开展相关领域的研究提供了基本方向。但通过文献梳理,我们发现国内关于拔尖人才培养的研究,仍存在一些不足。例如,以往关于拔尖人才培养的文献较多集中于围绕国家政策的设计理念与大学实践模式展开分析,尤其是 2015 年及以前的研究较多是对不同高校实施"拔尖计划"的模型与经验效果进行总结和回顾,近几年来对拔尖人才选拔培养效果进行实证评估的研究才逐步增加。且比较来看,国内缺乏对拔尖人才培养效果的指标体系和评估模型,呈现出不同学者对拔尖人才培养效果的评估维度差异巨大的局面。

---

① 张天舒,李明磊. 我国拔尖创新人才培养质量的实证分析——以某 985 高校 T 学堂为例[J]. 国家教育行政学院学报,2015(1):74—80.
② 吕林海."拔尖计划"本科生的深度学习及其影响机制研究——基于全国 12 所"拔尖计划"高校的问卷调查[J]. 中国高教研究,2020(3):30—38.
③ 王洪才. 地方本科院校如何开展精英教育[J]. 湖南师范大学教育科学学报,2019(5):108—113.
④ 阎琨. 中国大学拔尖人才培养项目内部冲突实证研究[J]. 清华大学教育研究,2018(5):63—74.

（三）"强基计划"政策及实施效果的研究

2020年初教育部颁布实施"强基计划"后，学者们对"强基计划"的政策目标、价值定位、实施策略等内容展开研究。截至当前，关于"强基计划"的研究主要分为以下三个大类："强基计划"的政策目标与价值研究、"强基计划"的人才选拔及效果研究、"强基计划"的人才培养研究。

1. "强基计划"的政策目标与价值

针对"强基计划"政策的目标与特征，一些研究者从拔尖人才选拔培养的机制进行分析，指出"强基计划"是加强拔尖人才选拔培养的实践之举，在培养对象、培养目标、招生专业等方面精准着力，体现了公平与效率相结合、成绩与素质相结合、选拔与培养相结合等特点；[①]旨在解决我国拔尖人才选拔培养制度中长期存在的育人导向模糊不清、选拔形式单一、培养过程缺乏连贯性等问题。[②] "强基计划"改革的重要战略意义主要体现在服务国家战略的改革定位、推进多方联动的责任主体构建以及打造多措并举的公平招生机制；核心价值在于实现了高中与大学人才培养与招生有机衔接的制度性安排。[③] 同时，"强基计划"存在一系列的政策优势：寻求公平性与科学性的提升以及促进二者关系平衡、促进高等教育与基础教育的衔接，引导和规制基础教育改革的纵深发展、选拔与培养一体化探索的制度

[①] 钟建林,苏圣奎."强基计划"政策解读及因应策略——兼析36所"强基计划"试点高校2020年招生简章[J].教育评论,2020(5):3—13.

[②] 邓磊,钟颖."强基计划"对高校人才选拔培养的价值澄明与路径引领[J].大学教育科学,2020(5):40—46.

[③] 郭哲,王孙禺."强基计划"背景下拔尖创新人才培养的时代内涵与建构路径[J].中国高等教育,2020(20):53—55.

创新、促进国家本位和个人本位的整合。① 一些研究者则聚焦于拔尖人才的选拔机制,认为"强基计划"将拔尖人才的选拔定位于服务国家重大战略需求,把高校招生自主权运作的规范化、透明化作为改革的前置条件,致力于打造一个更科学、更公平、更系统的拔尖人才选拔机制,是对拔尖人才选拔机制的重构。②③ 有研究者通过对36所试点高校招生简章的分析发现,"强基计划"对拔尖人才的选拔呈现出如下特征:以公平公正作为人才选拔的逻辑起点、以综合成绩作为选拔录取的评价内容、将多元参与作为选拔过程的运行机制、以拔尖创新作为人才选拔的首要标准。④

在"强基计划"和其他相关政策(如自主招生政策)的区别与联系方面,一些研究者分析了"强基计划"政策的由来和目标,指出"强基计划"在保持以往政策延续性的同时,政策目标和实施重点也有所突破;⑤"强基计划"是典型的内生性制度,在汲取自主招生制度经验的基础上进行改进和创新。⑥ 有学者从战略定位上对"强基计划"和"自主招生"进行了区分,认为"强基计划"更着眼于国家对战略人才的需要,而不仅仅是高校个体需要;⑦强调了高校特色与学科优势⑧,用"英才思

---

① 阎琨,吴菡."强基计划"实施的动因、优势、挑战及政策优化研究[J].江苏高教,2021(3):59—67.
② 吴根洲."强基计划":拔尖创新人才选拔机制的重构[J].福建师范大学学报(哲学社会科学版),2020(4):122—125.
③ 王洪才,刘红光."强基计划"背后的价值取向与整合[J].河北师范大学学报(教育科学版),2021(3):61—66.
④ 刘海燕,蒋贵友,陈唤春.我国拔尖创新人才选拔与培养的路径研究——基于36所高校"强基计划"招生简章的文本分析[J].高校教育管理,2021(4):93—100.
⑤ 王新凤,钟秉林.我国高校实施"强基计划"的缘由、目标与路径[J].高等教育研究,2020(6):34—40.
⑥ 阎琨,吴菡.从自主招生到"强基计划"——基于倡议联盟框架的政策嬗变分析[J].中国高教研究,2021(1):40—47.
⑦ 陈志文."强基计划"不是自主招生的升级版[J].中国民族教育,2020(2):8.
⑧ 庞颖."强基计划"的传承、突破与风险——基于中国高校招生"自主化"改革的分析[J].中国高教研究,2020(7):79—86.

维"加强了招生与育人的联系①、多重措施维护招考公平②等特征。也有研究者认为与自主招生的宽泛性相比,"强基计划"更强调精准发力,主要体现在培养对象精准、培养目标精准、招生专业精准等方面。③

在"强基计划"对基础教育变革的价值方面,研究者们指出"强基计划"并非自主招生的升级版,其出台是对高考改革的方向性调整,也必将引发基础教育的育人标准的变动,未来基础教育应在办学和教学上重视"基础性"。④"强基计划"触发高中育人方式变革,推动高中注意分层培养人才、加强与高校的合作,促进高中教育教学工作重点的转变,强调学生的学科潜能和综合素养;⑤注重人文教育、夯实学科基础、关注学生核心素养、健全生涯教育体系等。⑥⑦⑧⑨

2. "强基计划"的人才选拔及其效果

关于"强基计划"的人才选拔政策,一些学者指出部分高校实施方案存在表述

---

① 王殿军."强基计划":夯实中国发展的人才根基[J]. 人民教育,2020(12):41—43.
② 吴根洲."强基计划":拔尖创新人才选拔机制的重构[J]. 福建师范大学学报(哲学社会科学版),2020(4):122—125.
③ 钟建林,苏圣奎."强基计划"政策解读及因应策略——兼析36所"强基计划"试点高校2020年招生简章[J]. 教育评论,2020(5):3—13.
④ 周彬. 新时代基础教育人才培养的新要求与强基路径——来自国家实施"强基计划"的启示[J]. 人民教育,2020(12):35—37.
⑤ 郑若玲,庞颖."强基计划"呼唤优质高中育人方式深度变革[J]. 中国教育学刊,2021(1):48—53.
⑥ 乔锦忠,沈敬轩."强基计划"及其对基础教育改革的影响[J]. 中国教育学刊,2021(1):43—47.
⑦ 周彬. 新时代基础教育人才培养的新要求与强基路径——来自国家实施"强基计划"的启示[J]. 人民教育,2020(12):35—37.
⑧ 张志勇,杨玉春."强基计划"是对教育生态系统变革的深刻引领[J]. 中国教育学刊,2021(1):39—42.
⑨ 阎琨. 以教育的初心面对"强基计划"[EB/OL]. (2020-06-15)[2021-07-15]. https://baijiahao.baidu.com/s?id=1702580030009547326&wfr=spider&for=pc.

不明确的地方,如强基学生入校转专业问题;①招生方式呈现以高校为单位的趋同而非以学科或专业为单位的趋同;②对拔尖学生录取的成绩标准表述不明确,使高校对政策出现差异化理解,在政策执行中出现与政策文本核心价值追求相抵牾的问题。③ 同时,"强基计划"希望招收对基础学科有持久的志向和兴趣的学生,可能过高估计了中学生自我认知发展水平和对未来职业方向的规划能力,招收到那些可能并非志趣坚定且能力卓越的学生,生源质量可能不高于通过传统高考渠道录取的质量;而试点高校规定学生入学后不能转专业,将会迫使一些入学后发现"志不在此"的学生被困在"强基计划"的"牢笼"中,丧失进行科研和学习的激情和动力等问题。④

关于试点高校"强基计划"的招生过程,在"强基计划"实施后,一部分研究者从试点高校的强基招生现实情况出发,分析招生过程中存在的问题。有人指出多所试点高校出现高校考核时学生弃考、招录不满而补录的现象。⑤ 一些试点高校将高考分数作为最重要判断标准,但高考分数未必能对一个学生的基础知识掌握水平、专业兴趣和学习天赋进行准确衡量,从而可能使得人才选拔面临应试技巧和解题套路的挑战。⑥ 另有一部分研究者则从高校应为和可为的角度出发,对高校的招生录取进行分析。例如,有研究者指出高校应制定多元化录取方案,通过

---

① 刘宇佳,黄晶晶.我国"强基计划"的政策布局与实践审思——基于36所试点高校的文本分析[J].中国考试,2020(7):9—16.
② 庞颖."强基计划"的传承、突破与风险——基于中国高校招生"自主化"改革的分析[J].中国高教研究,2020(7):79—86.
③ 阎琨,吴菡."强基计划"实施的动因、优势、挑战及政策优化研究[J].江苏高教,2021(3):59—67.
④ 阎琨,吴菡."强基计划"实施的动因、优势、挑战及政策优化研究[J].江苏高教,2021(3):59—67.
⑤ 韦骅峰,季玟希."强基计划"热现象下的冷思考——基于考试制度的指挥棒效应[J].中国高教研究,2021(6):30—36.
⑥ 周序,杨琦蕙,王玉梅.人才选拔的关键在于选拔理念与技术的统一——"强基计划"面临的技术困境及破解思路[J].湖南师范大学教育科学学报,2020(6):44—49.

多维度考查、可持续考查、可量化考查来筛选理想的生源;同时为保障招生的专业化,高校应建设专业化的招考队伍并加强对他们的培训、引导,接受社会的监督。①② 有学者认为"强基计划"招生改革重在落地,要科学理解和把握多维度评价的内涵,避免把"破格"等同于学科竞赛和其他社会上的评奖;③同时,试点高校应该完善综合素质评价的内涵、标准和指标体系,加强对高校考核内容与方式的研究和探索,同时加强对综合素质评价档案使用过程中的监督管理等。④ 有研究者指出高校在坚持把高考成绩作为入围门槛的基础上,一方面适当增加校测成绩的权重,扩大高校对学生考核的自主范围;另一方面完善高校测试制度,基于具体学科又要突破单一学科测试的做法,实施跨学科综合能力测试。⑤ 有学者认为应该开辟多元化的人才选拔通道,并提前拔尖创新人才的选拔阶段。⑥

在"强基计划"的招生效果上,一些研究者认为"强基计划"首次招生平稳落地,实施效果符合预期;⑦但其他研究者通过调查发现人才选拔在功利主义和价值取向之间的错位难题依旧未解,"遇冷现象"会持续存在,名校"掐尖效应"愈发凸显。⑧ 还有研究者结合"强基计划"的人才选拔目标,对试点高校的选拔效果进

---

① 全守杰,华丽."强基计划"的政策分析及高校应对策略[J].高校教育管理,2020(3):41—48.
② 阎琨,吴菡.从自主招生到"强基计划"——基于倡议联盟框架的政策嬗变分析[J].中国高教研究,2021(1):40—47.
③ 王殿军."强基计划":夯实中国发展的人才根基[J].人民教育,2020(12):41—44.
④ 王新凤,钟秉林.我国高校实施"强基计划"的缘由、目标与路径[J].高等教育研究,2020(6):34—40.
⑤ 张志勇,杨玉春."强基计划"是对教育生态系统变革的深刻引领[J].中国教育学刊,2021(1):39—42.
⑥ 贺芬.拔尖创新人才可以"计划"培养吗?——对"强基计划"的冷思考[J].河北师范大学学报(教育科学版),2021(3):67—72.
⑦ 张志勇,杨玉春."强基计划"是对教育生态系统变革的深刻引领[J].中国教育学刊,2021(1):39—42.
⑧ 中国新闻周刊.高校"强基计划"遇冷:自主招生2.0人才选拔仍功利[EB/OL].(2020-10-12)[2021-06-05]. http://edu.china.com.cn/2020-10/12/content_76796448.htm.

行评估,指出与同一院系被高考统招录取的学生(简称"统招生")相比,强基生的高考分数显著更低,但在其他个体特征、家庭背景和高中类型方面,与统招生不存在显著差异;强基生对专业了解程度较高,对所选专业比较感兴趣;在专业兴趣、大学学习规划方面,与统招生无明显差异;强基生具有较强的内部学习动机、自我效能感和研究能力;在自我效能感和研究能力上,显著高于同院系的统招生。①

3. "强基计划"的人才培养相关研究

由于政策实施的时间较短,当前关于"强基计划"人才培养的研究主要是对如何将"强基计划"人才培养政策落地的讨论和分析。正如有研究者对 36 所试点高校"强基计划"的政策文本分析后所指出的:试点高校的执行方案符合教育部的有关规定,但实施中高校应充分认识该政策的价值导向,进一步规范"强基计划"落地的具体措施。②

在"强基计划"的人才培养目标方面,有学者认为高校在人才培养动机上既要强调为国家培养创新人才,也要重视个体发展的价值,注重拔尖学生的全面发展。③ 有研究者提出"强基计划"的人才培养应处理好国家本位和个人志趣的关系,教育行政部门加强对高校专业设置和招生规模的统筹调控工作,高校一方面通过与科研院所、国家重点实验室、智库等科学界多方力量构建深度合作、共同开展拔尖人才培养,另一方面加强过程管理,培养学生对基础学科的学术

---

① 崔海丽,马莉萍,朱红. 谁被"强基计划"录取——对某试点高等学校 2020 级新生的调查[J]. 教育研究,2021(6):100—111.
② 刘宇佳,黄晶晶. 我国"强基计划"的政策布局与实践审思——基于 36 所试点高校的文本分析[J]. 中国考试,2020(7):9—16.
③ 贺芬. 拔尖创新人才可以"计划"培养吗?——对"强基计划"的冷思考[J]. 河北师范大学学报(教育科学版),2021(3):67—72.

志趣。① 有学者提出教育行政部门应进一步明确"强基计划"的政策目标,妥善处理好各类政策实施之间的关系,促进"强基计划"与"珠峰计划"等的相互衔接。

在"强基计划"的人才培养实施方面,有学者认为试点高校应在实践中进一步完善和落实培养方案,配备一流的师资和营造良好的学术氛围,打造本硕博一体化、个性化的培养体系以及通识、专业、跨学科和国际化教育深度融合的课程体系,在奖学金、国际交流、创新实践等方面给予一定的政策倾斜,以此保证和提升基础学科拔尖人才培养的质量。②③ 有学者认为,在本科阶段有学业导师的直接指导有助于学生更早进入学习状态,更能挖掘学生的科研潜力,故应保障学生真正接受到导师指导而非流于形式;同时对于部分采取多导师制的学校,不仅要合理制定多位导师的权责清单,还要引导学生学会处理与多位导师的关系等。④ 有研究者指出"强基计划"实施高校要在"一校一案"基础上,针对每位学生的潜质和特点,积极向"一生一案"推进;在坚持导师制、小班化、国际化、个性化培养的基础上,鼓励、支持每位学生从学科兴趣和问题出发,把学习和科研实战结合起来;此外,高校应积极探索,加强交流、共享经验。⑤

在对"强基计划"人才培养的效果评价方式上,有学者指出试点高校应探索建立覆盖"入口-过程-出口"的全过程人才选拔培养体系,定期组织专家对学生学情

---

① 阎琨,吴菡. 从自主招生到"强基计划"——基于倡议联盟框架的政策嬗变分析[J]. 中国高教研究,2021(1):40—47.
② 韦骅峰,季玟希. "强基计划"热现象下的冷思考——基于考试制度的指挥棒效应[J]. 中国高教研究,2021(6):30—36.
③ 刘海燕,蒋贵友,陈唤春. 我国拔尖创新人才选拔与培养的路径研究——基于36所高校"强基计划"招生简章的文本分析[J]. 高校教育管理,2021(4):93—100.
④ 刘宇佳,黄晶晶. 我国"强基计划"的政策布局与实践审思——基于36所试点高校的文本分析[J]. 中国考试,2020(7):9—16.
⑤ 张志勇,杨玉春. "强基计划"是对教育生态系统变革的深刻引领[J]. 中国教育学刊,2021(1):39—42.

和思想动态开展阶段性考核和形成性评价[1];建立科学的评价指标体系,跟踪评价强基学生的学业表现、专业认同、综合素质等,加强对这些学生的增值评价,建立在校生、毕业生跟踪调查机制和人才成长数据库,为拔尖人才培养质量的持续改进提供数据支撑等。[2][3]

综上所述,自"强基计划"颁布与实施以来,研究者们围绕新政策的价值定位、潜在问题、实施策略等展开了多方面的研究,为我们提供了思路和借鉴,但关于"强基计划"政策执行和实施效果评估的研究,尚需扎根于当前与未来的改革实践,从以下方面进行拓展:一是在研究内容上,已有研究倾向于依据政策文本或历史经验来分析"强基计划"的政策价值、潜在问题等;随着政策的推进,需加强对执行情况的追踪研究和对执行效果的评估研究。同时,关于"何谓基础学科拔尖人才""如何科学有效地识别拔尖人才"等的研究成果相对较少。二是在研究对象上,较多研究将拔尖人才的选拔和培养割裂开来分析,对拔尖人才选拔培养效果的评估亦是如此,但"强基计划"政策贯穿于选拔培养全过程,应将其作为一项系统联动工程进行研究。三是在研究方法上,关于拔尖人才选拔培养的多数研究都运用传统思辨、经验推演、政策分析或个别访谈的方式,通过科学有效的证据来剖析拔尖人才政策执行效果的研究相对匮乏。

基于上述关于拔尖人才选拔和培养的研究现状的分析以及课题研究开展的重点领域,本书研究主要聚焦于基础学科拔尖人才的选拔和培养效果的评估研究,以"强基计划"政策实施为例,一方面评估试点高校对基础学科拔尖人才选拔

---

[1] 阎琨,吴菡.从自主招生到"强基计划"——基于倡议联盟框架的政策嬗变分析[J].中国高教研究,2021(1):40—47.
[2] 王新凤,钟秉林.我国高校实施"强基计划"的缘由、目标与路径[J].高等教育研究,2020(6):34—40.
[3] 张志勇,杨玉春."强基计划"是对教育生态系统变革的深刻引领[J].中国教育学刊,2021(1):39—42.

的效果如何,另一方面考察试点高校依托"强基计划"政策对基础学科拔尖人才的培养效果怎样。

三、研究方法与框架

(一)研究方法

本书重点通过分析"强基计划"政策以及试点高校对"强基计划"政策的执行过程,对"强基计划"人才选拔效果、人才培养成效进行评估,以系统考察我国基础学科拔尖人才的选拔培养效果。因此,本书研究的侧重点主要体现在:一是结合"强基计划"的政策目标,对试点高校"强基计划"人才选拔的效果进行评估;二是对试点高校强基人才培养的实施情况开展监测评估,检视实施过程中的潜在问题和制约因素,在此基础上探讨优化基础学科拔尖人才选拔培养的策略。

为了提高研究的信效度,本研究采用定性研究和定量研究互为补充的方式,选取代表性的样本,借助问卷调查、实地观察、深度访谈、文本分析等具体方法,搜集多方面的数据和资料,对试点高校的"强基计划"执行情况进行调研和分析。具体研究方法如下。

1. 文献分析法

搜集并整理相关研究成果,研究文献主要包括:一是公共政策评估理论、评估模型、评估方法等有关的理论资料;二是国内外关于拔尖人才选拔培养的研究文献;三是国家和试点高校关于"强基计划"的政策文件(如大学的招生简章),以及试点大学历年度"强基计划"专业人才的培养方案等；四是我国"拔尖计划""自主招生"等与拔尖人才选拔培养有关的文献资料。通过对这些文献进行分析，厘清我国关于拔尖人才选拔培养的政策演变历程，分析不同政策之间的共同点与差异之处，精准把握"强基计划"的政策目标和价值定位，并掌握关于拔尖人才选拔培养方面的理论知识。

2. 问卷调查法

为了评估基础学科拔尖人才的选拔效果，研究结合评估指标体系，编制了以试点高校本科生为对象的调查问卷。这套问卷重点对"强基计划"的人才选拔效果进行评估。选取部分试点高校的本科新生开展问卷调查，分析不同录取方式学生在高中学习经历、政策了解渠道、专业了解程度、专业兴趣、专业选择自主性、研究能力等方面的情况，以及学生对"强基计划"选拔培养模式的了解程度、认可度、期望要求等。在研究过程中，通过问卷星等平台，课题组成员对不同高校、不同年级的本科新生进行问卷调查，搜集强基生的发展数据。

3. 深度访谈法

研究基于不同的研究目标开展了不同群体的半结构式访谈。

首先，以建构政策评估指标体系为目标开展访谈。在研究团队初步构建"强基计划"政策评估指标体系后，邀请不同类型人员对评估指标体系进行评论与反馈。访谈对象主要为：两所试点高校的招生办工作人员、面向不同省市的招生宣传人员、"强基计划"招生专业院系的相关负责人、大学招生考试研究领域的学者，以及政策评估领域的专家。在访谈内容整理的基础上，对评估的指标进行调整。

其次，以了解"强基计划"实施情况及对学生发展影响为目标而开展访谈。研究团队遵循质性研究范式中"非概率抽样"中的"目的性抽样"原则，抽取能够为研究问题提供最大信息量的样本。借助熟人网络和"滚雪球"的抽样方式,选择在试点高校就读的本科强基生开展了多轮一对一的半结构式访谈。研究筛选标准主要是:

第一,不同高校的强基生。不同高校基于历史传统、培养特色、目标定位等,确立了本校的基础学科拔尖人才培养模式和招生模式,因此各个高校之间的培养模式和培养效果可能存在差异。本研究调查的试点高校是国内第一批试点实施自主招生和"强基计划"的院校,也是"拔尖计划"的第一批试点高校,在基础学科拔尖人才的选拔和培养方面有着丰富的经验。这几所高校均为就读的强基生定制了"4+4"或"4+5(含海外学习)"的本博衔接培养模式,致力于培养服务国家重大战略需求的基础学科拔尖人才。其中,一类案例高校的"强基计划"招生专业覆盖人文社科、理工科和医学学科;另一类案例高校"强基计划"招生专业主要包括理工科、医学学科两类,并未将人文社科的专业纳入"强基计划"中,因其与前一类试点高校的办学特色、培养模式等存在较大差异。

第二,不同年级的强基生。2020—2023年间,试点高校的"强基计划"招生政策和院系培养政策采取了不同程度的调整措施,对不同年级强基生进行研究有助于了解高校政策变化对他们产生的差异性影响。

第三,不同学科方向的"强基生"。试点高校招收与培养的强基生涉及不同学科专业,鉴于由院系负责这些学生的培养过程且每个院系的培养理念与政策存在差异,因此选取了不同学科方向的强基生进行研究,以了解院系政策对他们的学业发展与职业规划等方面产生的可能影响。选取的三批"强基计划"学生情况主要如下:

(1) 2020年11—12月,在一所试点高校选择第一批强基生(2020级)开展了第一轮访谈,以了解他们对"强基计划"政策的感受、报考动机、专业兴趣、未来规划等方面的情况。2023年10—12月间,在强基生未来发展方向(如保研方案)大体确定后,对其中一些受访者进行了第二次访谈,主要了解他们本科期间的课程学习与科研参与过程、专业兴趣与学术追求、能力发展情况等内容。

(2) 2022 年 9—10 月间,研究者在一些试点高校选定第二批强基生(2020 级),开展了第二轮的半结构式访谈,了解强基生的报考决策、院系培养模式、专业兴趣和了解程度、未来发展规划等方面信息;2023 年 10—12 月间,对这批强基生进行了回访,以了解他们的发展决策、专业兴趣、科研经历、课程参与、政策感知等方面的信息。

(3) 2023 年 10—12 月,研究者在第二所选定的试点高校选取第三批强基生(2020 级—2023 级),针对前面的一些问题和内容进行一对一的半结构式访谈。受访者的学科涵盖了生物医学学科、物理学科等,每次访谈时间在 0.5 小时—1 小时。大部分访谈采用面对面深度访谈的形式,少数访谈因受访者意愿而采用电话或视频通话的方式。为了避免对受访者造成不必要的预设,通常情况下,课题组成员在正式访谈前会联系受访者,与其约定访谈时间,并告知其交流的主题。访谈内容围绕"强基计划"政策的实施展开,试图发掘此项政策对强基生的学业发展产生了何种影响,以及不同院系的培养模式差异等。具体访谈内容包括:"你为何报名'强基计划'、为何选择目前的专业?""你对目前专业感兴趣吗?考虑过转专业吗?""你未来有什么样的职业规划?学院和学校在保研方面,对强基生有着怎样的政策?""如果未来选择工作,你优先考虑的因素是什么?""你对'强基计划'政策有无相关的建议?你期望获得学校或学院什么样的支持?"等。

最后,从院系负责人、教师等他人视角了解"强基计划"政策实施情况而开展访谈。研究团队结合修订完善的评估指标体系,通过对政策利益相关者的深度访谈,了解试点高校"强基计划"的招生情况与培养过程,以获得政策执行与效果评估的多方证据。本轮访谈的主要对象是:熟悉教学招考事务的高中管理人员(如副校长、教务处长);试点高校部分院系负责"强基计划"的院系负责人、任课教师、责任导师等。此外，通过对院系强基人才培养的负责人等不同群体进行追踪访谈，掌握试点高校"强基计划"的人才培养现状及初步效果。

在访谈过程中，研究者结合预先制定的访谈提纲进行提问，并在征求受访者同意的基础上进行录音，以及根据受访者提到的一些相关现象进行追问。访谈结束后，研究人员对录音进行转录与详细整理，并对体验深刻、思考深入或者有遗漏信息的个案进行回访，以进一步补充信息，最终形成30万字左右的访谈转录文本。分析时将转录文本录入MAXQDA 2022定性数据分析软件进行编码和分析处理。

（二）本书框架

本研究力图通过量化分析与质性研究相结合的方法，初步评估"强基计划"试点高校基础学科拔尖人才选拔和培养的效果。全书框架主要安排如下。

1. 第一部分：研究基础与框架（共分为三章）

第一章：绪论。本章首先从宏观视角讨论本书的研究背景，其次，对大学拔尖人才培养、"强基计划"政策及其实施的研究成果进行归纳与述评。在此基础上，提出本书研究的对象、方法与内容，并建构全书的分析框架。

第二章：拔尖人才选拔培养效果评估的研究借鉴。本章首先从拔尖人才的能力及特点、拔尖人才的识别与选拔策略两大维度，考察拔尖人才选拔的标准是什么。其次，结合已有研究成果以及不同国家的拔尖人才培养实践，总结大学荣誉项目对拔尖人才培养效果的评估结果。

第三章："强基计划"政策实施评估的指标构建。本章结合"强基计划"招生政策及调整、目前各校基础学科拔尖人才培养方案的共性与差异以及"强基计划"政策的实施目标等,构建本研究对"强基计划"拔尖人才选拔培养效果评估的指标体系,为后续研究的开展提供基础支撑。

2. 第二部分:拔尖人才选拔效果评估(共分为三章)

第四章:"强基计划"学生的基本特征。本章运用某所顶尖高校的本科新生调查数据以及对不同群体的访谈数据,从个体特征、家庭资本、专业认知、综合能力等不同维度,分析被试点高校"强基计划"录取学生的特征,从而对政策实施首年的人才选拔效果进行评估。

第五章:"强基计划"学生的专业兴趣。本章聚焦于"强基计划"人才选拔的一个关键目标——选拔对基础学科感兴趣的生源,运用某所顶尖高校的本科新生调查数据以及对不同群体的访谈数据,评估这些"强基计划"学生入学时的专业兴趣情况,并从高中-大学衔接的角度分析影响这些学生专业兴趣的关键因素,从而从高中、大学和家庭三个方面对如何促进拔尖人才的培养提出相关建议。

第六章:"强基计划"学生的规划清晰程度。本章主要运用对试点高校"强基计划"的本科新生调查数据,对强基生的半结构式访谈等研究资料,评估他们对未来规划的清晰程度。与此同时,考察学生在高中是否参与生涯教育活动,以及参与哪些类型的生涯教育活动对强基生的未来规划清晰程度具有影响效应,进而对高中学校、试点高校及其院系提供的针对性支持举措提出政策建议。

3. 第三部分:拔尖人才培养效果评估(共分为三章)

第七章:"强基计划"学生的学术志趣。本章主要运用对试点高校不同年级、不同学科强基生的访谈数据、现场观察等资料,考察强基生的专业兴趣以及学术志趣发展情况,从院系资源、导师支持、科研参与等角度考察影响强基生学术志趣形成与发展的因素,并提出相应的政策建议。

第八章:"强基计划"学生的职业价值观水平。本章主要运用对试点高校不同年级、不同学科强基生的访谈数据、现场观察等资料,考察强基生在个人发展、经济保障和社会贡献三个方面的职业价值观水平,并剖析他们选择未来工作的价值倾向的原因,并从试点高校及其院校"能为"和"可为"的角度,提出了引导强基生职业价值观转变的培养策略和行动举措。

第九章:"强基计划"学生的社会与情感能力。本章主要运用对试点高校不同年级、不同学科强基生的访谈数据、现场观察等研究资料,考察强基生的社会与情感能力表现。同时,通过分析强基生对从事就读学科领域学术研究所必需的社会与情感能力的认识,厘清基础学科拔尖科研人才应具备的关键能力有哪些,分析强基生对自身能力的认知评价,如自控力、创造性、好奇心、沟通与合作等,进而从院校支持的角度为促进强基生的社会与情感能力提升提供相关建议。

4. 结语:研究展望

结语部分主要对关于本书研究开展的立足点和创新点进行回顾,同时结合试点高校"强基计划"的实施情况,对研究存在的不足以及未来的研究空间进行简要分析说明。

第二章　拔尖人才选拔培养效果评估的研究借鉴

对基础学科拔尖人才选拔和培养的效果进行评估,首先需要厘清的是评估的标准。其中,评价基础学科拔尖人才的选拔效果,涉及基础学科拔尖人才的能力特质是什么,以及是否通过有效手段将具备这些能力特质的人才选拔出来的问题。学界关于拔尖人才的能力特点、如何进行识别与选拔的研究可以为此提供借鉴。评价基础学科拔尖人才的培养效果,则要基于拔尖人才的能力特质、人才培养项目的实施目标,选择合适的工具进行评估,国际上一些大学拔尖人才培养项目的实施效果评价可以为此提供基本借鉴。

一、拔尖人才的能力特点

拔尖,一般指的是超出一般,在次序、等级、成就、价值等方面位于最前面的、居领先或优先地位。拔尖是一个相对概念,是一个在特定的群体(范围)中比较之下才具有实际意义的概念。[1] 因此,拔尖人才通常是那些在特定群体(范围)中居于领先地位的人才,这些人才到底具备何种能力或特质,一直以来是研究者们所关注的话题。

---

[1] 郑朝卿.拔尖创新人才选拔培养新论[M].北京:清华大学出版社,2017:9.

（一）国际学者对拔尖人才能力的研究

国际上没有拔尖人才培养的相关概念,但存在资优教育(gifted education)和荣誉学位(honours degree)两种相近概念。[①] 相应地,对拔尖人才能力特点的考察有两种方式。一些学者研究考察了资优儿童(gifted children)的能力特点;一些学者则通过比较那些参加荣誉项目(以培养拔尖人才为目标)的学生与未参加荣誉项目的学生的能力特征,依此来阐述拔尖人才的特点。这两类研究均有助于我们更系统、清晰地认识拔尖人才的能力特质。

1. 天赋儿童的能力特点

天赋(giftedness)的传统概念聚焦于一般智力,因而,有天赋的儿童通常在学术领域内有较高能力或者较好表现。学生在一般领域或特殊领域的高智力十分重要,并且常常是天赋的先决条件。因此,当学生表现出超出例外的高智力或特殊领域的推理能力时(这类儿童通常是在智力测试或者学术成就测试上得分较高),他们被视作有天赋的。一些学者研究认为,拔尖学生的认知领域和同龄人存在一些差异,如学习速度、记忆能力[②],以及自我管理和计划技能。[③] 例如,戈特弗里德(Gottfried,1996)讨论了有天赋学生的智力结构,根据因子分析结果,将这些

[①] 罗杨洋,刘畅,黄海峰,等.基础学科拔尖人才培养政策的特征、缺憾及优化——基于入选"拔尖计划1.0"高校拔尖人才培养政策的分析[J].江苏高教,2023(5):72—81.
[②] Finley L T. Implementing a Differentiated Model of Gifted Education: Perspectives of Elementary Principals and Teachers [D]. Unpublished Doctoral Thesis. Archadia University, 2008.
[③] Terman L M, Oden M H. Genetic Studies of Genius: Volume IV: the Gifted Child Grows Up: Twenty-five years' Follow-up of a Superior Group [M]. Stanford: Stanford University Press, 1976.

学生的智力分为创造力、计划能力、评价能力等高水平思维的一些方面。在此基础上，他构建了一个理论，将智力划分为记忆和思考两个方面，其中思考又具体分为3个领域：认知、结果和评价。①

然而，对于有天赋的儿童而言，单独考察其智力水平是不充分的，一些特征（诸如创新性和动机）一般同时被考虑。② 有学者指出，有天赋的学生被认为是具有一些超常能力的集合，如具备不同观点、创新思维能力、责任意识③，以及更强的内部学习动机。④⑤ 同时，这些学生表现出比平常学习者更高水平的自我实现水平。⑥ 也有一些学者指出，发展超前是有天赋的人才的一种标志，通常包括一些特征，如高智商能力、超前的语言和推理能力、同年长儿童和成人的对话和兴趣、令人印象深刻的长期记忆、对概念的直觉理解、永不满足的好奇心、连接不同想法和关系的高级能力、快速学习的能力，高灵敏度等。⑦ 此外，在一个针对被早期大学

---

① Gottfried A E, Gottfried A W. A Longitudinal Study of Academic Intrinsic Motivation in Intellectually Gifted Children: Childhood Through Early Adolescence [J]. Gifted Child Quarterly, 1996, 40(4): 179-183.

② Rothenbusch S, Zettler I, Voss T et al. Exploring Reference Group Effects on Teachers' Nominations of Gifted Students [J]. Journal of Educational Psychology, 2016, 108(6): 883-897.

③ Renzulli J S, Reis S M. The Schoolwide Enrichment Model: A Comprehensive Plan for Educational Excellence [M]. Mansfield Center, CT: Creative Learning Press, 1985.

④ Hong E, Greene M, Hartzell S. Cognitive and Motivational Characteristics of Elemantary Teachers in General Education Classrooms and in Gifted Programs [J]. Gifted Child Quarterly, 2011, 55(4): 250-264.

⑤ Phillips N, Lindsay G. Motivation in Gifted Students [J]. High Ability Studies, 2006, 17(1): 57-73.

⑥ Boran A İ, San İ. Self-Actualization Perceptions Levels of Gifted Students: Case of Malatya [J]. Journal of Gifted Education Research, 2013(13): 150-165.

⑦ Rosado J I, Pfeiffer S, Petscher Y. Identifying Gifted Students in Puerto Rico: Validation of a Spanish Translation of the Gifted Rating Scales [J]. Gifted Education International, 2015, 31(2): 162-175.

招生项目录取的拔尖学生个人幸福观的调查中,研究者发现有天赋的人群有更高的整体健康程度。[1] 在一项中学生的自我概念被识别为"智力超群"(intellectually gifted)的研究中,有天赋的儿童呈现出高水平的自我概念和积极的生活态度。[2]

2. 荣誉项目学生的能力特点

在世界坐标下,荣誉教育致力于培养具有学术发展倾向的本科精英人才,在高等教育规模不断扩张和注重人力资本提升的时代,触动了一场本科拔尖人才培养的全球性运动。[3] 荣誉教育即是在大学建立的荣誉学院或荣誉项目等学术单元,旨在通过小班教学、更深入的高阶课程和学术体验等为优秀本科生提供富有挑战的学习经历和个性化的培养机制。不同地区的大学荣誉教育的目标和实施存在较大差异。但总体而言,大学荣誉教育的目标是培养未来的革新者、创新思考者和年轻的领导者。[4]

从招生和培养来看,一些荣誉项目在大学入学时就招收学生,而另一些荣誉项目仅对大一或大二获得一定学分的学生开放。鉴于许多荣誉教育项目招生对申请者高中阶段或大学阶段的最低学业成绩做出规定,因此无论是哪一种形式的荣誉教育,被招录进荣誉教育的许多学生被认为是在他们以往的教育经历上具有一定的学术能力。除了学业能力的差异外,学者们从不同维度比较了参与荣誉项

---

[1] Boazman J K, Sayler M F. Personal Well-being of Gifted Students Following Participation in an Early College-entrance Program [J]. Roeper Review, 2011,33(2):76-85.

[2] Riaz Z, Shahzad S. Self Concept in Intellectually Gifted Secondary School Children [J]. Pakistan Journal of Clinical Psychology, 2010(9):3-13.

[3] Maria T. The Basic Trends of Honors Education in Universities Worldwide [J]. International Scientific Electronic Journal, 2019,38(2):170.

[4] Subotnik R F, Olszewski-Kubilius P, Worrell F C. Rethinking Giftedness and Gifted Education: A Proposed Direction Forward Based on Psychological Science [J]. Psychological Science in the Public Interest, 2011,12(1):3-54.

目和未参与荣誉项目的学生能力特质差异。

一些学者聚焦于学生的学术自我概念。格罗斯等人(Gross et al.，2007)对不同年级的荣誉项目学生的比较发现,尽管不同学生群体的 GPA(Grade Point Average,平均学分绩点)没有显著差异,但荣誉学生的学术自我概念(academic self-conceptions)在本科三年级时达到顶点。[1] 里恩(Rinn，2007)对荣誉项目和非荣誉项目学生的比较研究发现,在控制 SAT(Scholastic Assessment Test,学术能力评估测试)分数后,相比于高能力、非荣誉项目的学生,高能力、荣誉项目的学生有显著更高的学术自我概念分数。[2] 里恩等人(Rinn et al.，2014)进一步考察了同等能力水平的荣誉项目和非荣誉项目学生,发现较低的学术自我认知是两组学生自我报告的学术不忠诚的预测指标。[3] 也有学者研究发现,当比较能力、动机、创新性时,荣誉项目学生和非荣誉项目学生没有显著差异;但当考虑追求研究生学位时,荣誉项目的学生对此更加充满热情。[4]

一些学者聚焦于学生的学习动机和策略。卡尼康姆和克拉姆(Carnicom & Clump，2004)评估了荣誉项目和非荣誉项目的学习风格,发现荣誉项目学生在深度加工子量表上具有更高的分数,类似于批判性思维能力;但是在精细加工过程、

---

[1] Gross C M, Rinn A N, Jamieson K M. Gifted Adolescents' Overexcitabilities and Self-concepts: An Analysis of Gender and Grade Level [J]. Roeper Review, 2007, 29(4), 240 – 248.

[2] Rinn A N. Effects of Programmatic Selectivity on the Academic Achievement, Academic Self-concepts, and Aspirations of Gifted College Students [J]. The Gifted Child Quarterly, 2007, 51(3):232 – 245.

[3] Rinn A, Boazman J, Jackson A, et al. Locus of Control, Academic Self-concept, and Academic Dishonesty among High Ability College Students [J]. The Journal of Scholarship of Teaching and Learning, 2014,14(4):88 – 114.

[4] Kool A, Mainhard M T, Jaarsma A D, et al. Academic Success and Early Career Outcomes: Can Honors Alumni be Distinguished From Non-honors Alumni? [J]. High Ability Studies, 2016, 27(2):179 – 192.

事实性记忆、方法研究等子量表上的得分没有显著差异。[1] 鲁宾和瑞斯（Ruban & Reis，2006）考察了高成就学生（荣誉项目）和低成就学生（非荣誉项目）的学习策略，指出高成就学生运用复杂和精细的学习策略（如概念地图、颜色编码图表），低成就学生运用低水平策略（如查看笔记）。[2] 里恩（Rinn，2015）等学者发现拔尖的大学生通常能够快速了解新信息、综合复杂和抽象的观点、识别复杂的模式、建立多学科的联系等。[3][4][5]

一些学者聚焦于学生的非认知方面。伦祖利（Renzulli）(1978)关于拔尖的三环模型将拔尖界定为存在三个特征，即超出平均的能力、任务承诺以及创新，这一模型强调三者相结合使得一个学生拔尖。如果只有一个方面而不考虑其他方面，则并不能将学生识别为拔尖。[6] 卡斯特罗-约翰逊和王（Castro-Johnson & Wang，2003）研究发现，荣誉项目学生在情绪智力的测量上比非荣誉项目的学生具有更高的得分；情绪智力得分的子量表是荣誉项目学生第一学期大学 GPA 得分的预测指标，但并不是非荣誉项目学生的预测指标。[7] 卡迪内等人（Carduner et al.，

---

[1] Carnicom S, Clump M. Assessing Learning Style Differences between Honors and Non-Honors Students [J]. Journal of the National Collegiate Honors Council, 2004, 5(2):37.

[2] Ruban L, Reis S M. Patterns of Self-regulatory Strategy Use Among Low-achieving and High-achieving University Students [J]. Roeper Review, 2006, 28(3):148-156.

[3] Rinn A N, Bishop J. Gifted Adults: A Systematic Review and Analysis of the Literature [J]. Gifted Child Quarterly, 2015, 59(5):213-235.

[4] Robinson N M. The Role of Universities and Colleges in Educating Gifted Undergraduates [J]. Peabody Journal of Education, 1997, 72(5):217-236.

[5] Roeper A. Gifted Adults: Their Characteristics and Emotions [J]. Advanced Development, 1991 (3):85-98.

[6] Renzulli J S. What Makes Giftedness? Re-examining a Definition [J]. Phi Delta Kappan, 1978 (60):180-184.

[7] Castro-Johnson M, Wang A Y. Emotional Intelligence and Academic Performance of College Honors and Non-honors Freshmen [J]. Journal of the National Collegiate Honors Council, 2003, 4 (2):105.

2011)发现,荣誉项目的参与者较大程度上运用理性选择模型来决定他们的专业和职业,这意味着他们理性地做出决策,且更聚焦于是否适合而非情绪。[1] 普洛明斯基和伯恩斯(Plominski & Burns,2018)研究发现相比于非荣誉项目学生,荣誉学生报告有更积极的幸福感。[2] 赫伯特和麦克比(Hébert & McBee,2007)对荣誉项目学生的研究指出,拔尖学生报告高水平的毅力、更高的成就需求以及更加重视学习研究。[3] 然而,里恩(Rinn,2007)发现荣誉项目学生和非荣誉项目学生的职业期望并没有显著差异。[4]

(二) 国内学者对拔尖人才能力的研究

国内最早关于拔尖人才概念的论述起源于1978年中国科技大学"少年班"的培养目标。近些年来,学者们纷纷对拔尖人才的概念进行阐释。例如,李嘉曾(2002)主张从知识结构、能力结构和素质特征三个方面来概括拔尖人才的基本特征,其中素质特征应从共性和个性两方面来规范,前者包括德、智、体、美等内容,后者包括识、悟、情等内容。[5] 张秀萍(2005)同样认为拔尖人才具有三大特征,即

---

[1] Carduner J, Padak G M, Reynolds J. Exploratory Honors Students: Academic Major and Career Decision Making [J]. NACADA Journal, 2011,31(1):14-28.

[2] Plominski A P, Burns L R. An Investigation of Student Psychological Wellbeing: Honors Versus Nonhonors Undergraduate Education [J]. Journal of Advanced Academics, 2018,29(1):5-28.

[3] Hébert T P, McBee M T. The Impact of an Undergraduate Honors Program on Gifted University Students [J]. Gifted Child Quarterly, 2007,51(1):136-151.

[4] Rinn A N. Effects of Programmatic Selectivity on the Academic Achievement, Academic Self-concepts, and Aspirations of Gifted College Students [J]. Gifted Child Quarterly, 2007,51(3):1-19.

[5] 李嘉曾. 拔尖人才基本特征与培养途径探讨[J]. 东南大学学报(哲学社会科学版),2002(3):138—142.

知识结构、能力结构和素质结构。① 付微和秦书生(2007)认为拔尖人才素质包括道德素质、智能素质、心理素质和文化素质;强烈的事业心、坚持不懈的毅力、团结协作的精神、良好的个人修养、高度的社会责任感、深厚的专业技术基础、广博的知识面、敏锐的观察力、丰富的想象力和开拓新领域的创新素质、胸怀宽广、意志坚强、敢于承担风险、能够承受各种挫折与失败等方面都应该是拔尖人才所必备的素质。② 高晓明(2011)归纳得出精深的专业造诣、强烈的社会责任感以及勇于批判和变革的勇气应该是拔尖创新人才标志性的素质特征。③ 丰捷(2011)认为拔尖人才的基本条件是"厚基础",核心要求是"好奇心""善思维"和"常实践"的能力。④ 胡海岩(2012)认为执着追求、宽厚的知识、实践创新为拔尖创新人才的典型特征。⑤ 张杨(2012)指出拔尖人才应具备扎实的知识功底,在具体学科分支的研究中处于领军地位,具有高尚的学术品格与人文气息等特征。⑥ 付永庆等人(2012)提出创新型精英人才应同时具备"高智商"和"高情商",出众的组织领导能力、强烈的竞争创新意识、创新人格和协作精神、高超的合作沟通技巧等是其基本特征。⑦ 陈权等人(2015)分析指出拔尖创新人才是指具备完善且独特的人格个性、强烈的事业心和社会责任感,且具有丰富的科学素养和专业知识、超凡创新精神和创新能力,能够引领和带动某一专业领域创造性地发展,并能为国家和社会发展作出重大贡献的杰出人才。⑧ 此外,一些学者也对基础学科拔尖人才的能力

---

① 张秀萍.拔尖创新人才的培养与大学教育创新[J].大连理工大学学报(社会科学版),2005(1):9—15.
② 付微,秦书生.拔尖人才的能力结构探析[J].科学与管理,2007(1):55—57.
③ 高晓明.拔尖创新人才概念考[J].中国高教研究,2011(10):65—67.
④ 丰捷.拔尖人才"冒"出来[N].光明日报,2011-02-28(6).
⑤ 胡海岩,瞿振元,洪小文.高校如何选拔创新人才[J].教育与职业,2012(4):64—55.
⑥ 张杨,张立彬,马志远.哈佛大学拔尖人才培养模式探讨[J].学位与研究生教育,2012(4):72—77.
⑦ 付永庆,王伞,于蕾.论创新型精英人才的培养[J].实验技术与管理,2012(7):8—10+13.
⑧ 陈权,温亚,施国洪.拔尖创新人才内涵、特征及其测度:一个理论模型[J].科学管理研究,2015(4):106—109.

特质进行了分析。例如,阎光才(2011)认为拔尖创新型学术人才是指那些在学术上尤其是基础理论领域取得重大原创性成就的学者。① 扶慧娟(2011)提出,理工科拔尖人才应具备健全人格,个性突出,基础宽厚,视野开阔,发展潜力大,创新意识强,综合素质优,具有能够引领相关科技和管理领域发展的潜质,具有一定国际竞争能力。②

由此可见,拔尖人才是一个相对模糊的概念,其内涵也没有统一的界定。学界从不同视角对拔尖人才的素养特质进行描绘概括,但有关讨论仍处于描述性阶段。不过近期一些学者对上述描述性定义进行分析,总结了拔尖人才的一些能力特质。例如,罗杨洋等人(2023)综合以往学界对概念的研究指出,拔尖人才的共通概念要素包括品德、人格和事业心,社会责任感和创新精神,博专知识和实践能力,被承认的重大贡献和成果。③ 张建红(2021)总结指出,拔尖人才具有一些共同要素:良好的个性品质,具有独立性、探索性、坚韧性、自控性与合作性等个性品质;合理的知识结构,具有深厚而广博的基础理论知识和精深的专业知识,能更好地进行创新与实践活动;完善的能力结构,具有独立思考的能力、较强的获取知识能力及沟通、组织与协调能力等;坚韧的创新意志,具有非凡的胆识和坚韧不拔的毅力,具备坚定的进取意识、强烈的事业心和责任感等品质;超前的创新思维,这是创新的基本前提。④

---

① 阎光才.从成长规律看拔尖创新型学术人才培养[J].中国高等教育,2011(1):37—39.
② 扶慧娟.地方综合性大学拔尖人才培养模式研究[D].南昌:南昌大学,2011.
③ 罗杨洋,刘畅,黄海峰,等.基础学科拔尖人才培养政策的特征、缺憾及优化——基于入选"拔尖计划1.0"高校拔尖人才培养政策的分析[J].江苏高教,2023(5):72—81.
④ 张建红."双一流"建设背景下我国高校拔尖创新人才培养研究[J].江苏高教,2021(7):70—74.

二、拔尖人才的识别与选拔

（一）识别有天赋的学生

识别有天赋的人才常常开始于对智力、成就等的一般测量，以决定儿童早熟的一般水平。例如，在美国，许多州依然主要依靠智商（IQ）测试来界定和决定一个学生是否有天赋。[1] 同时，一些研究也指出，用识别拔尖项目人才来促进拔尖学生发展的来源包括智力测试和成就测试（特殊领域）;[2][3]也包括用问卷或测试来评估学生特征（如创新性、动机）。[4]

然而，一般情况下，除了依赖于智力测验和成就测试的分数来识别拔尖学生以外，在环境中识别天才学生的过程中，多种资源和标准被运用。[5][6] 菲尔德

---

[1] McClain M C, Pfeiffer S. Identification of Gifted Students in the United States Today: A Look at State Definitions, Policies, and Practices [J]. Journal of Applied School Psychology, 2012, 28(1): 59 – 88.

[2] Coleman M R, Gallagher J J. State Identification Policies: Gifted Students from Special Populations [J]. Roeper Review, 1995, 17(4): 268 – 275.

[3] Hoge R D, Cudmore L. The Use of Teacher-judgment Measures in the Identification of Gifted Pupils [J]. Teaching and Teacher Education, 1986, 2(2): 181 – 196.

[4] Heller K A, Perleth C. The Munich High Ability Test Battery (MHBT): A Multidimensional, Multimethod Approach [J]. Psychology Science Quarterly, 2008, 15(17): 173 – 188.

[5] Friedman-Nimz R. Myth 6: Cosmetic Use of Multiple Selection Criteria [J]. Gifted Child Quarterly, 2009, 53(4): 248 – 250.

[6] VanTassel-Baska J, Feng A X, Evans B L. Patterns of Identification and Performance among Gifted Students Identified Through Performance Tasks: A Three-year Analysis [J]. Gifted Child Quarterly, 2007, 51(3): 218 – 231.

豪森等人(Feldhusen et al., 1993)呈现了他们推荐用于识别一般或特殊领域拔尖人才的测试和量表的综合描述和评价,如用一系列数据材料帮助识别学术拔尖人才和特殊领域的天才儿童,包括标准测试、学校等级成绩、排名量表、推荐信、论文写作、面试、创新能力测试,以及创造发明。[1] 帕索和弗雷泽(Passow & Frasier, 1996)等学者指出对天才学生的识别包括更多非传统的方式,如观察学生与不同学习机会的互动[2],动态评估[3][4],非口头测试[5][6][7],教师、朋友或同龄人的推荐等[8]。以教师、朋友或同龄人推荐为例,运用这种方法的优点是这是一种识别具有天赋的学生或者那些在校外环境中表现创新性问题解决能力的学生的一种有效方式;缺点是缺乏关于拔尖性的充分信息,教师多依赖于分数、课堂表现以及教养问题(如学校行为、语言困难和文化差异等)来判断学生是否有天赋。[9]

---

[1] Feldhusen J F, Jarwan F, Holt D. Assessment Cools for Counselors [J]. Counseling the Gifted and Talented, 1993:239-259.
[2] Passow A H, Frasier M M. Toward Improving Identification of Talent Potential among Minority and Disadvantaged Students [J]. Roeper Review, 1996,18(3):198-202.
[3] Feuerstein R. Learning to Learn: Mediated Learning Experiences and Instrumental Enrichment [J]. Special Services in the Schools, 1986,3(1-2):49-82.
[4] Kirschenbaum R J. Dynamic Assessment and Its Use with Underserved Gifted and Talented Populations [J]. Gifted Child Quarterly, 1998,42(3):140-147.
[5] Bracken B A, McCallum R S. UNIT Universal Nonverbal Intelligence Test [M]. Itasca, IL: Riverside Publishing, 1998.
[6] Naglieri J A, Ford D Y. Addressing Underrepresentation of Gifted Minority Children Using the Naglieri Nonverbal Ability Test (NNAT) [J]. Gifted Child Quarterly, 2003,47(2):155-161.
[7] Naglieri J A, Kaufman J C. Understanding Intelligence, Giftedness, and Creativity using PASS Theory [J]. Roeper Review, 2001,23(3):151-156.
[8] VanTassel-Baska J, Feng A X, Evans B L. Patterns of Identification and Performance among Gifted Students Identified through Performance Tasks: A Three-year Analysis [J]. Gifted Child Quarterly, 2007,51(3):218-231.
[9] 同[8]。

（二）选拔荣誉项目学生

不同国家、同一国家不同大学的荣誉或拔尖项目（Honours or Excellence Programmes）在目标、学科导向以及其他方面存在很大差异。尽管如此，但荣誉项目均致力于选拔有天赋的学生，有天赋通常意味着最好和最聪明的学生，尽管关于最好和最聪明的界定可能会因大学和荣誉项目的不同而有所变化，他们在选拔学生时均聚焦于学业成绩，即学业拔尖的学生，这往往意味着他们未来的学业成就潜力。[1][2][3] 因此，大学的荣誉项目一般从即将来的新生班级中招收高分数学生。一般情况下，这些学生的GPA在高中班级中排名10%—20%，或者有很高的标准化测试分数，如ACT(American College Testing, 美国大学入学考试)或SAT分数。[4][5] 同时，为了能够参与荣誉项目，学生必须证明他们原先的学术能力和成就。

然而，正如前文文献综述中关于荣誉项目和有天赋学生的能力特质所表明的，拔尖的学生不仅在智力方面具有突出表现，也需在学习动机、思维能力、毅力、创新性等方面具备相应品质。因此，当评估学生是否适合拔尖项目或荣誉项目

---

[1] Hertog J H B. X-factor for Innovation: Identifying Future Excellent Professionals. (Doctoral Dissertation) [D]. Enschede: University of Twente, 2016.

[2] Kool A. Excellence in Higher Education: Students' Personal Qualities and the Effects of Undergraduate Honours Programmes [D]. Utrecht: Utrecht University, 2016.

[3] Scager K, Akkerman S F, Keesen F, et al. Do Honors Students Have More Potential for Excellence in Their Professional Lives? [J]. Higher Education, 2012, 64(1): 19-39.

[4] Kaczvinsky D. What is an Honors Student? A Noel-Levitz Survey [J]. Journal of the National Collegiate Honors Council, 2007, 8(2): 87-96.

[5] Achterberg C. What is an Honors Student? [J]. Journal of the National Collegiate Honors Council, 2005, 6(1): 75-83.

时，除了学业成绩测试外，大学机构的选拔人员需要依赖于其他的一些工具，如个人简历、推荐信、个体面试、小组面试等。

实际上，在大学荣誉或拔尖项目选拔过程中，他们通常也会依据学术测验成绩及其他一些标准来选拔荣誉项目的学生，如写作材料、关于领导力和课外活动的记录、面试等，并以此来评判学生的成就潜力。例如，美国荣誉项目经过近百年的发展，逐步形成以"高智慧"和"强烈的学习动机"为标准的人才选拔机制。其中，"高智慧"是指学生在某些领域所表现出的综合能力，包括一个人的智商、情商、创新能力、表达能力和领导力等；所谓"强烈的学习动机"是指学生出于个人兴趣爱好和志向追求在某些领域表现出的心理状态和意愿。[1] 美国大学荣誉项目选拔生源一般有两种方式。[2] 一是所谓的"浏览"模式（skimming model）。运用这一模式可以浏览申请一般项目中学生的结果，过滤出那些最适合的学生，然后邀请他们参加荣誉项目。二是独立模式（free-standing model）。大学要求申请者完成包括论文、推荐信、活动列表等要素的单独申请过程。通过以上方式，大学可以运用申请过程中的各类信息来考察哪些学生最适合荣誉项目。[3] 荷兰一些大学（如乌得勒支大学）的荣誉教育项目面向二年级和三年级的本科生，选拔学生的标准一般包括四个方面：优异的学习成绩、广泛的学习兴趣、在跨学科领域学习的决心、毅力和能力，以及优秀的学术素养。选拔的程序主要是：个人申请（准备材料如动机信、3 分钟内的短视频、带有照片的简历、代表性论文、学习进度报告），招生委员会审查申请材料，组织专业面试（单独面试或小组讨论），公布选

---

[1] 吕成祯. 我国荣誉教育的缘起、选拔培养机制与现实诉求[J]. 教育探索，2019(2)：66—70.
[2] Stoller R. Honors Selection Processes: A Typology and Some Reflections [J]. Journal of the National Collegiate Honors Council-Online Archive, 2004,5(1):79-86.
[3] 姜璐，董维春. 美国现代大学荣誉教育：历史图景与体系构成[J]. 清华大学教育研究，2022(3)：112—122.

拔结果。①

在我国，大学荣誉项目选拔学生通常有三种方式。第一，面向特别优异的高中生（包括保送生和高考生中成绩特别优异者），通过大学专家委员会的面试选拔。例如，清华大学的"学堂计划"面向参加国家统一考试的学生招生，第一志愿报考"学堂计划"并达到清华大学录取分数线的学生即可提出面试申请，通过考核后即可加入荣誉学院。第二，面向高中生中的优秀学生，大学荣誉学院组织专门的招生考试，选拔表现突出者进入荣誉学院。例如，上海交通大学致远学院等大部分荣誉学院都选择通过专门的选拔方式来筛选优秀生源。第三，面向有意愿申请的大一学生，大学荣誉学院选拔各院系的成绩优异者，在教师推荐的基础上，荣誉学院采取专家委员会面试的方式选拔学业优异、能力突出的学生。例如，浙江大学竺可桢学院等一些荣誉学院面向大一学生实行二次选拔制度。

有效人才发展理论曾阐释了人类成长的基本规律，并将其概括为个人在五大维度中的成长发展，这五大维度包括精神情感、社会交往、表达能力、工具实践和知识智能。② 结合学者们对天资儿童和荣誉或拔尖项目学生的能力特质和选拔标准的分析可以发现，对具有拔尖潜质学生的考察既要包含他们的知识智能和学术能力，也应兼顾到其他一些非认知能力，如学习兴趣、社会交往能力、创新能力、毅力、抗压力、想象力、领导力等。此外，对具备这些特质的人才的选拔工具不应局限于智力测验、学业成绩等方面，还可以运用其他各类工具，如教师推荐信、个体

---

① Madelon J, Leest B, Huijts T, et al. How Are Students Selected for Excellence Programmes in the Netherlands? An Analysis of Selection Procedures Using Vignette Data [J]. European Journal of Higher Education, 2021,11(1):13-28.
② Dai D Y. Envisioning a New Foundations for Gifted Education: Evolving Complexity Theory (ECT) of Talent Development [J]. Gifted Child Quarterly, 2017(3):172-182.

或团体面试、情境判断测验、传记式数据等。

三、拔尖人才的培养效果

已有研究指出,不同国家、不同大学荣誉教育的组织类型划分和特征有所不同,如依托各专业院系的院系荣誉、依托本科生院或文理学院的通识荣誉、与院系平行且实体建制的荣誉学院、依托校级平台的"全大学"荣誉。① 这些不同形式的荣誉教育为各国培养拔尖人才提供了重要阵地。近一些年来,学者们逐渐用实证研究方法验证荣誉教育的培养成效,主要有如下发现。

一些学者重点评估荣誉项目对学生学业成就产生的影响。帕克和马伊斯托(Park & Maisto,1984)针对北卡罗来纳大学夏洛特分校心理学系荣誉项目的学生进行了一项历时两年的纵向研究,发现参加荣誉课程的学生具有显著更高的学业表现。② 普夫劳姆等人(Pflaum et al.,1985)比较了三种高能力学生(荣誉项目完成者、部分荣誉项目参与者、高能力但非荣誉项目的学生),发现这些学生的SAT成绩均超过1150分。在控制学生性别、SAT成绩、所学专业后,研究发现荣誉项目完成者在毕业后具有更高的GPA。③ 哈特勒罗(Hartleroad,2005)比较荣

---

① 姜璐,董维春.美国现代大学荣誉教育:历史图景与体系构成[J].清华大学教育研究,2022(3):112—122.
② Park C, Maisto A. Assessment of the Impact of an Introductory Honors Psychology Course on Students: Initial and Delayed Effects [C]. Annual Meeting of the Southeastern Psychological Association, 1984:1-14.
③ Pflaum W, Pasca T, Duby P. The Effects of Honors College Participation on Academic Performance During the Freshman Year [J]. Journal of College Student Personnel, 1985,26(5):414-419.

誉项目和非荣誉项目工程学专业中的女生在经过一年大学教育后的 GPA 成绩差异,发现荣誉项目学生有显著更高的 GPA,但是这个研究并不能将差异完全归于荣誉项目的参与,因为并没有解释大学前的变量(如学术准备、动机、SAT 分数等)。[1] 富特文格勒(Furtwengler,2015)考察了参与荣誉项目和学生学业表现(GPA)的关系,匹配了学生 SAT 分数、性别、高中排名、种族之后,发现并不是所有荣誉项目学生能够以同样方式从项目中受益;相比于高倾向性得分的学生,那些低倾向性得分的学生(较低的高中排名、SAT 分数)更可能从中受益。[2] 然而,一些研究也有相反的发现,例如,韩婷芷(2022)对中国一所大学荣誉班与普通班本科生的表现对比发现,相比普通班学生,荣誉班学生并未表现出优异的学业表现。[3]

一些学者从学生的课堂参与等方面讨论荣誉项目的培养成效。有学者指出聪明和认真的学生,以及那些不需要额外的压力学习的学生,可以参加特殊的荣誉项目,他们在课程中受到更多的挑战,在这些项目中也会得到额外表扬。[4] 塞弗特等人(Seifert et al.,2007)用跨越美国 15 个州的 18 所大学样本进行研究,发现控制学生背景后,荣誉项目的确提供了一种更具密集性、挑战性的学术体验(以更加有效的指导为特征)。学生参与荣誉学位能够获得较高比例

---

[1] Hartleroad G E. Comparison of the Academic Achievement of First-year Female Honors Program and Non-honors Program Engineering Students [J]. Journal of the National Collegiate Honors Council, 2005, 6(2):109.

[2] Furtwengler S R. Effects of Participation in a Post-Secondary Honors Program With Covariate Adjustment Using Propensity Score [J]. Journal of Advanced Academics, 2015, 26(4):274-293.

[3] 韩婷芷. 荣誉学院本科生的学业表现更优异吗?——与普通班学生的群体比较分析[J]. 高教探索, 2022(1):67—74.

[4] Rutger K, Van Der Flier H. Predicting Academic Success in Higher Education: What's More Important Than Being Smart? [J]. European Journal of Psychology of Education, 2012, 27(4): 605-619.

的同伴互动、更高的学术努力和卷入、增加的导师指导和指导者反馈、更多的书本和阅读书籍等。[1] 米勒和邓福德(Miller & Dumford,2018)通过对15所大学中1 339名荣誉学院学生和7 191名非荣誉学院学生的对比研究发现,即使控制学生和大学特征,荣誉学院学生能运用更精细的学习策略,参与更多的合作学习、多样化讨论、师生互动并具有更高质量的互动。[2]

一些学者则从学生的能力获得方面探究荣誉项目的培养成效。例如,奥斯汀(Astin,1993)发现荣誉项目学生有显著更高的保有率、学位期望值、学业参与率和研究生教育参与率;同时,荣誉项目参与和学生的目标实现渴望、渴望为科学理论作出贡献,以及自我报告的分析技能收获积极相关。[3] 吕林海(2020)基于12所"拔尖计划"高校的本科生调查发现,"拔尖学生"的学习参与(包括"课业参与"和"学术参与"两个维度)对其专业与学术的能力、表达与社交的能力、文化与社会的理解、信息与研究的技能等有着显著的促进效应。[4] 然而,吕林海(2021)、秦西玲和吕林海(2022)同样基于12所"拔尖计划"高校的本科生调查发现,"拔尖计划"的本科生具有较高程度的"学习情绪"和"求知旨趣",但从大一到大四都表现出显著的衰退趋势;[5]"拔尖学生"的批判性思维本科期间稳定在样本均值,即拔尖学生

---

[1] Seifert T A, Pascarella E T, Colangelo N, et al. The Effects of Honors Program Participation on Experiences of Good Practices and Learning Outcomes [J]. Journal of College Student Development,2007,48(1):57-74.

[2] Miller A L, Dumford A D. Do High-Achieving Students Benefit From Honors College Participation?A Look at Student Engagement for First-Year Students and Seniors [J]. Journal for the Education of the Gifted, 2018,41(3):217-241.

[3] Astin A W. What Matters in College?Four Critical Years Revisited [M]. San Francisco: Jossey-Bass, 1993.

[4] 吕林海."拔尖计划"本科生的"学习参与"及其发展效应研究——基于全国12所"拔尖计划"高校的问卷调查[J].教育发展研究,2020,40(Z1):26—38.

[5] 吕林海.聚焦"两种兴趣":"拔尖生"深度学习的动力机制研究——基于全国12所"拔尖计划"高校的问卷调查[J].南京师大学报(社会科学版),2021(2):76—88.

的批判性思维起点很高,但在本科期间没有明显发展。[①]

  对以往这些研究的分析发现,目前国内外对大学拔尖荣誉项目的培养效果评估的研究关注到了学生发展的不同领域,如学业表现、课堂参与、师生互动、学术体验、批判性思维、求知旨趣等。当然,基于调查对象、样本规模、统计方法运用等方面的差异,目前学者们对拔尖荣誉项目培养效果的评价存在一定差异性。但这些均为本研究开展基础学科拔尖人才培养效果的评估研究提供了良好借鉴,并促使我们反思"强基计划"人才培养效果评估与拔尖荣誉项目培养效果评估之间的共同点与差异性。

[①] 秦西玲,吕林海.拔尖学生的学习参与及其批判性思维发展——基于全国12所"拔尖计划"高校的实证研究[J].江苏高教,2022(1):73—82.

第三章 "强基计划"政策实施评估的指标构建

对基础学科拔尖人才的选拔培养效果进行评估,需要建立科学有效的评估指标体系。本书第二章关于拔尖人才选拔培养效果评估的研究为确定评估的标准提供了基本指南,然而要准确评估基础学科拔尖人才(也即本书重点关注的"强基计划"学生)的选拔培养效果,还需对该项政策的实施本身进行研究,通过对政策目标、实施路径、政策调整等与评估工具、评估指标切实相关内容的分析研究,来建构评估的指标体系和方法。基于此,本章首先从"强基计划"招生政策及调整、目前各校基础学科拔尖人才培养方案的共性与差异两个方面,探讨"强基计划"政策的实施目标。在此基础上,构建"强基计划"拔尖人才选拔培养效果评估的指标体系,为研究的开展提供支撑。

一、试点高校的招生政策及调整

(一)实施前两年的招生政策

"强基计划"的招生专业既涉及数学、物理学、化学等理工学科,也包括历史学、哲学、考古学等人文学科。根据各个高校的"强基计划"招生简章,在理工科方面,数学、物理学、化学、生物学四个学科的招生院校数最多,分别达到31所、31

所、26所、24所。其中,招收信息科学方向强基生的高校数仅有四所(清华大学、南京大学、中国科学技术大学、哈尔滨工业大学)。在人文学科方面,2020年分别有18所和15所高校在哲学、历史学专业招收强基生,招收考古学专业强基生的高校仅有北京大学一所。如表3-1所示。

表3-1　2020年"强基计划"招生专业统计

专业	数学	物理学	化学	生物学	力学	医学
高校数	31	31	26	24	10	7
专业	核工程	信息科学	哲学	历史学	古文字学	考古学
高校数	4	4	18	15	14	1

注:统计数据来自36所试点高校的"强基计划"招生简章。

2021年,绝大多数试点高校基于"强基计划"实施首年的招生状况,对招生方案进行了调整。具体体现在以下方面。

1. 专业限报数有变化

与2020年相比,部分试点高校扩大了考生报考本校强基专业的可选择个数,赋予学生更多的专业选择权限(见表3-2)。例如,同济大学2020年的"强基计划"规定:第一类考生可以选择一个专业组填报,最多填报组内两个专业,并选择是否服从组内调剂;第二类考生选择一个专业组填报,最多填报组内两个专业。2021年的"强基计划"则调整为"第一类考生选择一个专业组填报,最多填报组内所有专业,并选择是否服从组内调剂;第二类考生可以选择一个专业组填报,最多填报组内所有专业,并选择是否服从组内调剂"。

中山大学等6所试点高校的"强基计划"专业限报数目则在两个年度之间有所缩小。例如,四川大学2020年"强基计划"规定,考生可根据自身情况最多选报

3个专业,并确认是否服从专业调剂。2021年,该校则明确规定:考生只选报1个专业,且不进行专业调剂。浙江大学2020年"强基计划"规定"每位考生限报一个招生组别,最多可填报不超过6个专业";2021年该校"强基计划"的专业选择政策调整为"每位考生限报一个招生组别,最多可填报不超过3个专业"。

此外,西安交通大学2020年的"强基计划"明确规定考生最多报考2个强基专业,但2021年的招生简章中对此未做出明确规定。中国农业大学2020年未对考生可以报考的强基专业志愿数进行明确规定,但2021年在招生简章中明确规定"考生可填报1—3个专业志愿,并填报是否服从专业调剂"。

表3-2 2020—2021年试点高校"强基计划"的报考专业个数变化情况

变化情况	高校名称	专业报考数目的变化	
		2020年	2021年
未明确限定	复旦大学、上海交通大学、重庆大学、国防科技大学、中国海洋大学、电子科技大学		
	西安交通大学	最多2个	
	中国农业大学		1—3
未发生变化	北京大学	1个专业组	1个专业组
	南开大学、兰州大学、吉林大学、天津大学、北京航空航天大学、华南理工大学、中央民族大学	1	1
	北京师范大学	1—2	1—2
	华东师范大学	文科1—2个,理科1—3个	文科1—2个,理科1—3个
	东南大学	1—3	1—3
	中国科学技术大学	1—6	1—6

(续表)

变化情况	高校名称	专业报考数目的变化 2020年	专业报考数目的变化 2021年
	武汉大学、西北工业大学、中国人民大学、南京大学	3	3
	中南大学、大连理工大学	4	4
	清华大学	5	5
	厦门大学	6	6
报考数目减少	中山大学	1—3	1
	四川大学	3	1
	北京理工大学	2—4	1个,且不调剂
	山东大学	4	3
	浙江大学	6	3
	华中科技大学	所有专业	1—5
报考数目增加	同济大学	1个专业组,最多填报2个	1个专业组,最多填报组内所有专业
	哈尔滨工业大学	1—3(第二类考生限报1个)	1—4

注:资料来自各试点高校2020年和2021年的"强基计划"招生简章,"未明确限定"指招生简章中未做出明确说明。

2. 增加考试确认环节

多数高校(至少28所高校)增加了高考出分前的考试确认环节(见表3-3),并明确了未进行确认的考生不得参与后续的校内测试,客观上为报考学生提供了二次选择机会,那些对基础学科专业不感兴趣或者不通过"强基计划"也能被录取到理想专业的考生获得了退出渠道。例如,山东大学2021年的"强基计划"招生简章规定,"通过'强基计划'报名平台确认是否参加学校考核,且须签订相应承诺书,否则不予入围"。华中科技大学2021年的"强基计划"招生简章规定,"考生未按期确认考试或上传承诺书,视为自动放弃校测资格,我校不予进行校测入围排队"。还有一些试点高校对确认未参加校测的后果进行了说明,如东南大学规定,"对确认参加学校考核并入围却无故未参加的考生,我校将通报生源所在省份招收考试机构,由此带来的后果由考生自行承担"。

表3-3　2021年试点高校"强基计划"的考试确认环节规定

高校名称	未在规定时间内确认或确认了未参加考核的影响
华中科技大学、中南大学、华东师范大学、北京航空航天大学、中国人民大学、山东大学、国防科技大学、电子科技大学	未按期确认考试或签订上传承诺书,视为自动放弃校测资格
中国海洋大学、南京大学、中国农业大学、中山大学、南开大学、浙江大学、天津大学、哈尔滨工业大学、华南理工大学、兰州大学、大连理工大学、厦门大学、西安交通大学、北京师范大学、吉林大学	确认不参加考试或未在规定时间内完成考试确认者,视为自动放弃我校"强基计划"
北京理工大学	考生须在规定时间内完成考试确认,未在规定时间内完成考试确认的视为自动放弃我校"强基计划"考核资格,由此带来的后果由考生自行承担
中国科学技术大学、东南大学、重庆大学、武汉大学	未在规定时间内完成确认者,视为自动放弃入围学校考核资格;对入围并确认参加学校考核却无故未参加的考生,我校将通报生源所在省份招收考试机构,由此带来的后果由考生自行承担

注:资料来自各试点高校的"强基计划"招生简章。

3. 校测入围比例扩大

除了国防科技大学等6所高校在2021年未调整考生的"强基计划"校测入围比例外,其他30所试点高校均调整扩大了"强基计划"校测的入围比例,使得那些对基础学科怀有兴趣但是高考成绩不占优势的学生录取机会进一步增加(见表3-4)。例如,吉林大学"强基计划"校测的入围比例由2020年的1∶3扩大到1∶4;中国科学技术大学、中南大学等高校的"强基计划"校测入围比例由1∶3扩大到1∶5;南开大学等5所高校的"强基计划"校测入围比例由1∶3扩大到1∶6;北京师范大学等7所高校的"强基计划"校测入围比例由1∶4扩大到1∶5;四川大学等12所高校的"强基计划"校测入围比例由1∶4扩大到1∶6。

表3-4 2020—2021年试点高校的"强基计划"校测入围比例变化情况

高校名称	入围比例变化	
	2020年	2021年
国防科技大学	1∶3	1∶3
吉林大学、西北工业大学	1∶3	1∶4
中国科学技术大学、中南大学、同济大学	1∶3	1∶5
南开大学、厦门大学、兰州大学、复旦大学、中央民族大学	1∶3	1∶6
华东师范大学、哈尔滨工业大学、北京理工大学、大连理工大学、中国海洋大学	1∶4	1∶4
北京师范大学、西安交通大学、武汉大学、电子科技大学、浙江大学、北京航空航天大学、中国人民大学	1∶4	1∶5
中国农业大学、重庆大学、中山大学、华中科技大学、南京大学、天津大学、华南理工大学、山东大学、东南大学、四川大学、上海交通大学、天津大学	1∶4	1∶6
北京大学、清华大学	1∶5	1∶6

注:资料来自各试点高校各个年度的"强基计划"招生简章。

4. 考核环节有所变化

2021年,五所试点高校调整了"强基计划"校内测试的考核方式,其中四所高校增加了校内测试的环节,一所高校则减少了校内测试的环节(见表3-5)。例如,复旦大学2020年的"强基计划"校内测试主要包含面试和体质测试两类,学校组织相关学科专家对入围学生进行面试;2021年,该校的校测考核则拓展为笔试、面试和体质测试,A类考生需要参加笔试,笔试合格后方可参加面试,笔试不合格不再参加后续选拔环节。南开大学2020年的"强基计划"规定校内考核由笔试、面试和体质测试构成;2021年则将学校考核环节调整为面试和体质测试两个部分。

表3-5 2020—2021年试点高校"强基计划"校测的考核方式变化情况

	高校名称	校测考核方式变化	
		2020年	2021年
未发生变化	兰州大学、华东师范大学、上海交通大学、哈尔滨工业大学、天津大学、中南大学、西北工业大学、重庆大学、大连理工大学、华南理工大学、中国海洋大学、电子科技大学、华中科技大学	面试和体质测试	
	北京大学、清华大学、南京大学、浙江大学、西安交通大学、四川大学、山东大学、北京师范大学、厦门大学、东南大学、吉林大学、同济大学、中国科学技术大学、北京航空航天大学、国防科技大学、中国农业大学、中国人民大学、中央民族大学	笔试、面试和体质测试	
增加考核环节	中山大学、北京理工大学	面试、体质测试	笔试、面试、体质测试
	复旦大学	面试、体质测试	A类考生参加笔试,笔试合格方可参加面试和体质测试

(续表)

高校名称	校测考核方式变化	
	2020年	2021年
武汉大学	综合能力测试和体质测试；考核方式由各专业从笔试、面试、实践操作等三种方式中选择(不超过两种)	综合能力测试(笔试和面试)、体质测试
减少考核环节 南开大学	笔试、面试和体质测试	面试和体质测试

在各试点高校"强基计划"综合成绩的核算方式上，南开大学报考"强基计划"学生的高考成绩和校测成绩的比例，由2020年的90%、10%调整为2021年的85%、15%；其余35所高校"强基计划"综合成绩中的高考成绩和校测成绩占比均为85%、15%，在两个年度未发生变化。

浙江大学、中国科学技术大学和中国人民大学三所高校"强基计划"的校内测试成绩核算方式，在两年间进行了调整。其中，浙江大学"强基计划"校内考核的笔试成绩和面试成绩，2020年度按照1∶2进行折算，2021年度则调整为2∶1。中国科学技术大学2020年的"强基计划"校测成绩满分100分，其中笔试占70分，面试占30分；2021年的校测成绩满分150分，其中笔试占100分，面试占50分。中国人民大学2020年"强基计划"校测成绩由笔试成绩和面试成绩加总而成，2021年则规定校测成绩中笔试成绩占60%、面试成绩占40%。

但南开大学等11所试点高校"强基计划"的校内测试成绩核算方式在2020—2021年间未进行调整。其中，南开大学"强基计划"考生的笔试和面试成绩按照70%和30%的比例进行计算。南京大学、东南大学规定考生的笔试和面试成绩按照60%和40%的比例进行核算；北京师范大学等6所高校"强基计划"考生的笔试和面试按照50%和50%的比例计算成绩。中央民族大学对入围"强基计划"的考生进行学校考核(含笔试、面试和体质测试);校考考核成绩总分为100分,其中笔试成绩40%,面试成绩60%。中山大学则规定"强基计划"考生的校考成绩实行百分制,其中笔试成绩占30%,面试成绩占70%。详见表3-6。

表3-6 2020—2021年试点高校"强基计划"校内测试成绩占比变化

	高校名称	校内测试成绩占比变化	
		2020年	2021年
未发生变化	南开大学	1. 2020年的高考成绩和校测成绩占比分别为90%和10%;综合成绩中两类占比调至85%和15% 2. 笔试和面试按照70%和30%的比例计算成绩	
	南京大学、东南大学	笔试和面试按照60%和40%的比例计算成绩	
	北京师范大学、厦门大学、吉林大学、四川大学、北京航空航天大学、中国农业大学	笔试和面试按照50%和50%的比例计算成绩,其中四川大学、北京航空航天大学、中国农业大学的校测成绩=笔试成绩+面试成绩	
	中央民族大学	笔试和面试按照40%和60%的比例计算成绩	
	中山大学	笔试和面试按照30%和70%的比例计算成绩	
有所调整	浙江大学	笔试和面试成绩按1:2折算	笔试和面试成绩按2:1折算
	中国科学技术大学	校测成绩满分100分,笔试占70分,面试占30分	校测成绩满分150分,笔试占100分,面试占50分
	中国人民大学	校测成绩=笔试成绩+面试成绩	校考成绩中,笔试成绩占60%,面试成绩占40%

注:资料来自各试点高校2021年度"强基计划"招生简章。

（二）2022年以来的招生政策调整

相比2020年和2021年，2022年东北大学、湖南大学、西北农林科技大学3所高校加入"强基计划"，使得试点高校由36所扩充为39所。2023年"强基计划"招生高校的数量没变，但在招生专业上有新的扩展。例如，兰州大学2023年新增草业科学（草类植物生物育种）专业；哈尔滨工业大学新增复合材料与工程、飞行器制造工程、材料科学与工程3个航天材料类和航天机械类专业。除此之外，试点高校招生政策在诸多方面做了调整。主要体现在：

1. 形成"复交南"模式

"强基计划"综合考生的高考成绩和校测成绩进行录取，一般在高考成绩发布后安排校测，出现少数考生在高考成绩出来后放弃"强基计划"的情况。2022年，复旦大学、南京大学、上海交通大学在强基招生中，试点采用了"复交南"模式，即校测提前至高考出分前进行，根据初试成绩划定复试入围分数线，入围比例不等。2023年，已有中国科学技术大学、浙江大学、同济大学、西安交通大学、厦门大学5所院校明确跟进该模式，共计8所院校。采取这一模式的院校主要有以下两种校测形式：①初试＋复试成绩按比例计入校测成绩；②仅复试成绩按比例计入校测成绩。2024年，兰州大学、北京航空航天大学也跟进"复交南"模式。

2. 校测考核方式有调整

（1）入围资格有规定。部分高校进一步优化了校测形式，且更注重数学、物理学等核心科目选才要求与报考专业的匹配度。例如，华南理工大学2023年的"强基计划"仅招收数学类、化学类和生物技术类3个专业。其中，数学类专业近年在入围资格的计算方式上有重大调整,从以往仅根据高考成绩判定入围资格,变更为入围成绩＝高考文化成绩(不含任何政策加分)＋高考数学单科成绩×0.3,在一定程度上增加了学生数学成绩的比重,反映了华南理工大学数学类专业对于学生数学基础的重视程度。

(2) 参加笔试有新要求。一些高校增加了笔试要求。例如,2023年,国防科学技术大学要求获全国中学生学科奥林匹克竞赛二等奖及以上的竞赛生也要参加校测笔试,笔试科目为数学和物理,不参加笔试的视为放弃选拔资格。中山大学等高校规定,如果强基考生的体能测试不过关,则不被允许参加后面的笔试面试。此外,一些高校设置了笔试合格线。2023年四川大学在校测中设置了笔试合格线,合格线为笔试成绩满分的60%(即180分),笔试成绩未达到该校划定的合格线的考生不予录取。一些高校则取消了笔试环节。北京理工大学、湖南大学和西北农林科技大学,2022年校考模式均为笔试＋面试＋体测,但从2023年开始都取消了校测中的笔试部分,只有综合面试和体测。其中湖南大学设专业综合测试最低合格分数线为80分,北京理工大学规定强基考生的面试合格线为面试成绩满分的60%。

(3) 入围校测倍数有变化。相比2020—2021年,2023年一些高校调整了校测的入围倍数。例如,中国农业大学、重庆大学的入围倍数由6倍下调到5倍。此外,吉林大学的入围倍数由4倍上涨至6倍;西安交通大学的入围倍数由4倍上涨至5倍。2024年,部分高校的校测入围倍数也进一步作了调整。

二、试点高校培养的共性与差异

"强基计划"不仅聚焦于基础学科拔尖人才的选拔,更注重对这些拔尖人才的培养。根据国家的"强基计划"方案,各个试点高校积极探索契合本校办学定位和专业特色的拔尖人才培养路径。

(一)培养方案的共性

1. 实施小班化教学和导师制

2020—2021年"强基计划"试点实施过程中,多数高校"强基计划"相关专业的招生规模都相对较小。为了对这些强基生进行专门化、个性化的培养,多数高校一方面对"强基计划"招收的学生实行独立编班,采用小班化形式进行授课与日常培养,在一定程度上缓解同质化与个性化之间的矛盾。例如,东南大学的"强基计划"招生简章中规定,实施"以学生为中心"的小班授课,大量增加师生互动和研讨,强化自学能力,训练综合创新和团队协作精神;强化"个性化"的自主发展学分和课程,实施完全学分制,激发自主创新潜能,挖掘学生的个性潜质。[1] 另一方面,为强基生配备专门的本科生导师,强化导师责任制,突出导师对学生发展的引领作用。例如,复旦大学"强基计划"实行全面导师制,对通过该计划录取的学生配备专业的学业导师,保障他们在学业安排和未来规划、科研参与等方面能够得到针对性的指导和帮助。

2. 本硕博贯通的培养模式

基础学科拔尖人才的成长离不开长期的学科知识培训和科研训练。"强基计划"政策规定试点高校可以探索实施"本—硕—博"衔接的人才培养模式。基于

---

[1] 东南大学2020年强基计划招生简章[EB/OL]. (2020-05-07)[2022-02-08]. https://zsb.seu.edu.cn/2020/0507/c23610a327082/page.htm.

此,各个高校在培养方案中,一方面规定通过打通本、硕、博不同阶段的课程设置,形成相互衔接、逐级递进的课程体系,并优化课程建设标准、选课方式、教学管理模式等,实现"强基计划"入选学生的贯通式培养。① 另一方面提出,"强基计划"录取的学生在"本—硕—博"连读方面享有优惠政策,即本科毕业时符合免试攻读研究生要求的学生,可优先免试攻读相关专业的硕士、博士研究生,从而畅通了基础学科拔尖人才的发展路径。基于此,部分"强基计划"试点高校结合自身实际实施了"3+1+N"本研贯通培养模式,并进行了具体探索实践。其中,"3"为本科强基学习阶段,主要任务是夯实学生基础学科能力素养;"1"为本研衔接学习阶段,主要任务是引导学生熟悉学科前沿基础;"N"为研究生(硕士生或博士生)学习阶段,主要任务是支持学生全身心投入与自身兴趣爱好相适应的科研创新活动中去。

例如,山东大学的"强基计划"招生简章指出,为通过"强基计划"录取的学生专门制定"本—硕—博"衔接的人才培养方案,单独编班,按照"3+1+X"模式进行专门的衔接式培养。其中"3"是指3年的本科培养阶段,包括通识教育、专业教育、实践环节等;"1"是指1年的本研衔接阶段,针对国家重大战略需求(高端芯片与软件、智能科技等)设计对应的衔接课程模块,学生可自主选修其中一个模块;"X"是指研究生培养阶段,学生在选定的国家重大战略需求领域相关学科攻读博士学位,基本学制四年,考核合格授予博士学位。② 中国人民大学将"强基计划"与"拔尖计划2.0"紧密衔接,实施学分制,灵活学制管理,合理构建本研衔接的一体化培养方案。第三学年经考核获得转段候选人资格的学生,在第四学年直接进入本研衔接培养阶段,学生可根据自身兴趣和转段要求,录取到"强基计划"培养单

---

① 刘海燕,蒋贵友,陈唤春.我国拔尖创新人才选拔与培养的路径研究——基于36所高校"强基计划"招生简章的文本分析[J].高校教育管理,2021(4):93—100+124.
② 山东大学2020年强基计划招生简章[EB/OL].(2020-05-06)[2022-02-08]. https://www.bkzs.sdu.edu.cn/info/1028/1633.htm.

位相关学科或相关交叉学科专业进行硕博培养。采取小班教学,实施学术导师组和学术导师相结合的"一对一"学业发展指导制度。①

3. 动态化的考核分流机制

为了保障基础学科拔尖人才的培养质量,提高"强基计划"的人才培养效率,多数高校建立了考核机制和动态进出机制,对入选"强基计划"的学生进行定期考核和科学分流。对于未通过考核的学生,一些高校规定可以转入同专业的普通班,退出"强基计划"的培养环节,同时不再享受"强基计划"提供的各类教育教学资源和相关优惠政策(如保研资格);与此同时,同专业普通班的优秀学生,经考核合格后,也可以通过"强基计划"的动态机制进入"强基班",享受相关的资源。通过这种动态的考评和进出机制,形成合理竞争、有序流动的人才培养氛围,旨在培养出真正有利于服务国家重大战略需求且综合素质优秀的基础学科拔尖人才。例如,国防科技大学的"强基计划"政策规定,强基班采取动态管理,每学年末进行一次阶段性考核(学生可以根据自己的情况选择退出,回到普通班学习)。第三学年初学生可选择研究方向,鼓励选修该方向研究生课程,开展毕业设计预研究工作;第三学年末取得直博资格的学生,确定研究方向和导师,参与重大科研项目攻关。②

此外,高校对强基生尤其是学业优秀的学生,在公派留学、奖学金等方面予以优先安排。其中,在国际合作交流方面,36 所高校均利用现有的各类国际学术交流平台,通过派往合作高校和机构交流学习、组织考察交流、开设国际前沿课程、

---

① 20 余所高校公布强基计划招生政策!今年有这些新变化[EB/OL].(2023-04-10)[2023-08-29]. https://baijiahao.baidu.com/s?id=1762780496164839745&wfr=spider&for=pc.
② 国防科技大学2021年强基计划招生简章正式发布![EB/OL].(2021-04-01)[2022-02-08]. https://www.nudt.edu.cn/xwgg/tzgg/b6b6ca59b64b4a7cb6fc388847fa7038.htm.

提供国际交流奖学金等途径,为"强基班"的学生搭建一流的国际学习交流平台。例如,中国海洋大学的"强基计划"招生简章明确了学校对强基生在国际交流方面的激励机制;设立"出国(境)访学奖学金",支持学生赴国(境)外短期访学(课程学习)、国(境)外短期科学研究或科研训练,参加国(境)外高水平学术会议、国(境)外高水平暑期学校。[1]

(二)管理模式的差异

对通过"强基计划"选拔的学生实施小班化、个性化教学是试点高校进行人才培养的一个共同特点,但为了更好地管理与培育拔尖人才,不同学校采取的做法存在一定差异。比较来看,主要体现在以下几点。

(1)一些试点高校在基础学科附属的专业院系内,对强基学生进行单独编班,形成与普通班并行的教学班。这些高校的相关基础学科专业要么先前不属于拔尖计划人才培养基地,要么因某些基础学科专业方向的"强基计划"招生人数相对较多,足以达到小班教学的规模,因此对选拔出来的强基生采取单独编班教学和管理的方式进行。例如,华东师范大学的汉语言文学(古文字方向)每年招收15名强基生,采取单独编班的形式(即"强基班")进行人才培养;同时,对于通过"拔尖计划"选拔的学生,单独编班为"元化班"进行拔尖人才的培养。北京大学的化学、考古学、历史学等专业招收强基生的规模相对较大,对录取的学生通常采取单独编班的方式("强基班")进行专门的培养管理。

(2)一些试点高校为了更好地进行基础学科拔尖人才的培养和管理,将通过

---

[1] 中国海洋大学2021年强基计划招生简章[EB/OL].(2021-04-01)[2022-02-08]. http://bkzs.ouc.edu.cn/2021/0401/c7210a317142/page.htm.

"强基计划"和通过"拔尖计划"选拔的学生进行混合编班,形成一个与普通班并行的拔尖人才培养教学班。这些高校一般具有如下特征:通过"拔尖计划"在基础学科拔尖人才选拔培养方面具有多年的探索经验,通过"强基计划"招生的学生规模不大,可以与拔尖生组成小班进行专门的教学和管理。目前在"强基计划"具体实施过程中,强基人才培养采取这种教学管理的试点高校占多数。例如,某高校理科组有数学与应用数学、物理学等3个学科实施"强基计划",文科组有哲学与汉语言文学两个学科专业实施"强基计划",每个专业招收的强基生低于15人。该校"强基计划"的负责人在受访时指出,"我们学校是把强基生和拔尖生放在一起培养,人数少并且不太明确两类学生的培养到底要有何差异,目前没办法做出两种模式"。

（3）清华大学、四川大学、东南大学和中国人民大学针对"强基计划"录取的学生开设了专门书院进行拔尖人才的专门培养和管理。例如,四川大学通过"强基计划"招收的学生,全部进入"玉章书院"进行培养。通过学院介绍可以看到,"玉章书院"提供"学科交融＋社区支持",在思想引领和环境浸润中,让学生掌握丰富的前沿信息、学科知识、专业技能,拥有高水平的领导力、国际化语境沟通能力、团队协作能力等。学科导师指导学业发展、科研创新活动,对学生进行科研生涯规划以及专业化、个性化培养。"玉章书院"的驻院导师与学生高效及时地沟通交流,引导学生强化积极向上的人生观、价值观、世界观。[①] 清华大学为了保障"强基计划"的落实,更好地建立以通识教育为基础、通识教育与专业教育融合的本科教学体系,创办了致理、日新、未央、探微和行健五个书院,统筹推进对通过"强基计划"录取学生的系统教育和一体化管理。

（4）此外,"强基计划"实施之后,为了充分吸引并选拔到优秀的生源,一些高

[①] 吴院概述[EB/OL].[2022-02-08]. https://www.scu.edu.cn/wyzxy/xygk/wygs.htm.

校逐步调整了"强基计划"人才的培养方案,为录取的学生提供更丰富的资源支持和制度支撑。例如,哈尔滨工业大学为了吸引优秀的强基考生,创新性地将基础学科和热门工科专业相结合,进行双学位培养以培养复合型人才,如数学与应用数学＋自动化双学位、应用物理学＋智能制造工程双学位、数学与应用数学＋软件工程双学位。北京航空航天大学实施完全学分制的个性化培养,主要措施如下:①在必修课程板块外,开设与培养方向有关的系列选修课程;实施完全学分制,学生在完成必修课程后,可以结合发展规划和学习兴趣制定个性化的培养方案。②发挥学校学科和科研优势,全面实施科研实验室开放机制,支持强基生参与该校科创品牌项目"冯如杯",配备导师指导科创实践,给予大学生创新创业训练计划、学校科创培养项目等专项支持,助力学生科研能力的培养。

三、评估"强基计划"效果的指标

"强基计划"立足基础学科,致力招收一批有志向、有兴趣、有天赋的青年学生进行专门培养,为国家重大战略领域输送后备人才。结合前文对试点高校"强基计划"招收政策及其调整、培养的共性和差异的分析来看,"强基计划"应选拔与培养具备何种特征的拔尖人才非常明显。同时,基于研究的可行性和便利性,本书重点从以下几个方面构建"强基计划"实施效果的评估指标。

1. 被"强基计划"录取的学生具备何种背景特征

"强基计划"立足基础学科招收与培养拔尖人才,这些学科主要是研究自然界和人类社会基本发展运行规律,提供人类生存与发展基本知识的学科。然而,数十年间,大学生选报志愿时对基础学科一直抱有"奉献""冷板凳""异常艰苦"这样的刻板印象,在众多年轻人活跃的网络社区,基础学科更是被贴上"又难又穷"的标签。[1] 受信息获取不完全等因素的影响,这些刻板印象可能会对不同群体学生的报考行为产生影响,也可能会对他们是否坚持从事基础学科研究产生影响。因此,在政策实施初期,具备哪些背景特征的考生会被"强基计划"录取值得关注。这些背景特征既包括学生个体层面特征,如性别、户口类型、高考分数、内部学习动机;也包括家庭层面特征,如父母受教育程度、父母职业、家庭收入;此外,也包括学校层面特征,如高中学校的类型(重点示范高中或非重点示范高中)。

2. "强基计划"录取的学生对专业是否有真实兴趣

正如"强基计划"政策所指出的,"强基计划"旨在招收到对基础学科有兴趣的优秀学生进行重点培养。因此,这些被录取的学生对所选专业是否具备真实兴趣,应该是评价试点高校"强基计划"选拔效果的一个重要评价指标。

3. "强基计划"录取的学生未来发展规划清晰程度

"强基计划"为录取学生制定了单独人才培养方案和激励机制,期望能够增强学生的荣誉感和使命感。例如,对学业优秀的学生,高校可在免试推荐研究生、直博、公派留学等方面予以优先安排,探索建立"本—硕—博"衔接的培养模式。在这样的培养模式下,进入到"强基计划"培养序列中的学生在入学初期,对于未来发展持有怎样的发展规划、他们的发展规划是否明晰,这些是评价试点高校"强基计划"选拔和培养效果的一个重要评价指标。

---

[1] 环球网. "冷板凳""又难又穷"? 对基础学科的刻板印象该破除了[EB/OL]. (2021-03-19) [2023-11-02]. https://baijiahao.baidu.com/s?id=1694615428060163520&wfr=spider&for=pc.

4. "强基计划"录取的学生的学术志趣发展情况

与专业兴趣相关联的是,对所学的学科专业是否具有学术志趣(也即是否有志于从事相关领域的科学研究)是评价试点高校"强基计划"实施效果的一个关键评估因子。对于高中毕业生来说,他们基于高中阶段的学习经历以及对相关信息资料的检索,可能会对某些学科专业产生初步的专业兴趣。那么这些专业兴趣能否转化为坚实的学术志趣,还有赖于大学阶段的专门培养过程。试点高校面向"强基计划"制定了颇具共性和差异性的培养方案,以期能够通过专业培养提升学生的学术志趣。那么,经过大学的专业学习后,"强基计划"学生对所学专业的学术志趣表现如何值得关注。因此,本书将学生的学术志趣情况作为考察试点高校"强基计划"培养效果的一个指标。

5. "强基计划"录取的学生的职业价值观情况

"强基计划"服务于国家重大战略需求,期望通过考核评价模式以及推进基础学科领域拔尖人才的专门培养,为国家重大战略需求领域输送人才,着力实现学生成长、国家选才、社会公平的有机统一。因此,"强基计划"学生在择业时是否具有社会奉献精神,是评价该项政策实施成效的一个方面。本书用社会价值观来衡量,主要是考虑到职业个体价值观在职业问题上的反映,能够潜移默化地影响大学生的专业选择、职业规划,以及对工作的满意度、工作稳定性和表现等。[1][2][3] 强基生持有怎样的职业价值观,既能在一定程度上体现他们的价值和理念,也反映

---

[1] 岳海洋,盖钧超,周全华. 基于需求层次理论的大学生职业价值观研究[J]. 思想理论教育,2014(10):85—89.

[2] Brown D. The Role of Work and Cultural Values in Occupational Choice, Satisfaction and Success: A Theoretical Statement [J]. Journal of Counseling and Development, 2002,80:48 - 55.

[3] Dawis R. Person-environment-correspondence Theory [M]. In: Brown S D (Ed.). Career Choice and Development. 4th ed.. San Francisco, CA: Jossey-Bass, 2002.

着其对待学科专业和相应职业的态度和倾向,此外也从一个侧面反映大学及院系培养对其产生的影响。

6. "强基计划"录取的学生的社会与情感能力水平

"强基计划"旨在培养基础学科领域的科研人才。然而,从事这些科研工作存在复杂性、长期性甚至不确定性。要想坚持下去并取得一定成就,个体需要具备一些特定的关键能力和个性品质,如责任感、毅力、抗压力、情绪控制、好奇心、沟通合作能力等。强基生的社会与情感能力水平能够在一定程度上反映他们是否适合从事基础学科领域的学术研究。因此,本书将社会与情感能力作为评估试点高校"强基计划"人才培养效果的指标。

第二部分
拔尖人才选拔效果评估

第四章 "强基计划"学生的基本特征

一、研究问题提出

2020年初,"强基计划"政策文件颁布后,36所试点高校公布"强基计划"的招生简章和培养方案,相继开展了招生工作。由于试点大学均为A类"一流大学"建设高校,在优质高等教育资源稀缺和高考竞争激烈的社会环境下,该政策一经推出就受到社会各界的广泛关注。实施首年,试点高校的强基招生计划数合计6100人左右,全国报名却超过百万。在录取过程中,除了清华大学、北京大学等少数高校外,大部分高校的"强基计划"未完成招生计划。南京大学、中国科学技术大学、西安交通大学、北京理工大学、兰州大学等顶尖名校纷纷宣布从高考统招生中补录强基生,补录人数在46—71人不等,呈现"报名热,校考冷"的局面。在对某些高校"强基计划"部分院系强基专业负责人的访谈中,我们也有类似的发现:

"我们(数学)专业2020年有20个招生指标,刚开始报名时考生都很踊跃,但后来几乎都弃权了。只有17个考生进入到校测,我们这个专业就没有招满。所以当时只要考生达到了基本条件,即使校测表现再差,我们也招了进来。"(A高校某数学强基专业负责人)

"我们学校化学强基班有5个招生名额,当时报名2个人,最终录取0人。开学后只能从统招生中补录了5个人。"(B高校某化学强基专业负责人)

作为政策实施主体,"强基计划"试点高校肩负着"如何科学选拔"和"如何贯通培养"基础学科拔尖人才的双重任务。优秀生源的选拔是拔尖人才培养的前提和基础,由于涉及优质高等教育资源的分配,关系到国家、试点高校、学生及家庭等各个主体的利益,在"强基计划"实施时,招生录取模式的改革成为新政的焦点。"强基计划"的招生领域限定在数学、物理学、古文字学等基础学科(即考生和家长心目中的"非热门专业"),每个学生最终只能报考一所高校的"强基计划",且多数试点高校规定"强基计划"招生没有降分录取优惠以及学生被录取后在大学期间不能转专业。那么,政策实施第一年,试点高校通过"强基计划"选拔了什么类型的学生?选拔目标是否有效达成?即是否真正招到了"有志向、有兴趣、有天赋"的拔尖人才?这些是判断招生政策实施效果更重要的维度。然而,截至目前,很少有实证研究对此做出回答。本书运用对某试点高校2020级本科新生的问卷调查数据,运用描述统计、回归分析等方法,对上述问题进行回答。

二、相关文献综述

(一)"强基计划"政策实施研究

"强基计划"颁布之后,学界立刻展开了相关研究。总体来看,研究内容可以分为三类:第一类是"强基计划"政策的目标与特征研究。有学者提出,"强基计划"旨在解决我国拔尖人才选拔培养制度中长期存在的育人导向模糊不清、选拔形式单一、培养过程缺乏连贯性等问题。① 另有学者通过比较不同类型的招生政策,提出"强基计划"更加着眼于国家对战略人才的需要,而不仅仅是高校个体需要;更加强调高校特色与学科优势,用"英才思维"加强了招生与育人的联系等特征。②③④⑤ 第二类是"强基计划"实施策略研究。从招生角度提出高校应设计科学的考试测评方法、制定多元化录取方案、建立专业招生队伍、健全社会监督机制等;⑥⑦⑧从人才培养层面提出高校应明确育人导向、完善课程设计、改革评价标准、实施跟踪评价等。⑨⑩⑪ 第三类是"强基计划"对基础教育的影响研究。有研究者认为"强基计划"触发高中育人方式变革,推动高中注意分层培养人才、加强与高校的合作;⑫注重人文教育、夯实学科基础、关注学生核心素养、健全生涯教育体系等。⑬ 由于"强基计划"实施不久,学者们倾向于围绕政策目标和意义展开讨论,

---

① 邓磊,钟颖."强基计划"对高校人才选拔培养的价值澄明与路径引领[J].大学教育科学,2020(5):40—46.
② 陈志文."强基计划"不是自主招生的升级版[J].中国民族教育,2020(2):8.
③ 庞颖."强基计划"的传承、突破与风险——基于中国高校招生"自主化"改革的分析[J].中国高教研究,2020(7):79—86.
④ 王殿军."强基计划":夯实中国发展的人才根基[J].人民教育,2020(12):41—43.
⑤ 吴根洲."强基计划":拔尖创新人才选拔机制的重构[J].福建师范大学学报(哲学社会科学版),2020(4):122—125.
⑥ 张永祥,周艳林.胜任特征理论在高校"强基计划"实施过程中的应用[J].中国考试,2020(10):9—15.
⑦ 全守杰,华丽."强基计划"的政策分析及高校应对策略[J].高校教育管理,2020(3):41—48.
⑧ 张志勇,杨玉春."强基计划"是对教育生态系统变革的深刻引领[J].中国教育学刊,2021(1):39—42.
⑨ 刘宇佳,黄晶晶.我国"强基计划"的政策布局与实践审思——基于36所试点高校的文本分析[J].中国考试,2020(7):9—17.
⑩ 王新凤,钟秉林.我国高校实施"强基计划"的缘由、目标与路径[J].高等教育研究,2020(6):34—40.
⑪ 郑若玲,庞颖."强基计划"呼唤优质高中育人方式深度变革[J].中国教育学刊,2021(1):48—53.
⑫ 乔锦忠,沈敬轩."强基计划"及其对基础教育改革的影响[J].中国教育学刊,2021(1):43—47.
⑬ 周彬.新时代基础教育人才培养的新要求与强基路径——来自国家实施"强基计划"的启示[J].人民教育,2020(12):35—37.

或者依据以往拔尖人才选拔培养的经验提出新政的潜在问题和改进建议,但截至目前,对试点高校"强基计划"的人才选拔效果尚缺乏系统的实证研究。

(二)拔尖人才选拔效果研究

我国重点高校自 2001 年起逐步试点实施的自主招生是选拔与招收拔尖人才的重要方式,学者们对"自主招生"的人才选拔效率展开了相关研究,总体看来,当前主要存在三方面的成果:一类研究认为自主招生在拔尖人才的选拔方面是有效的,如有学者研究发现自招生的高考成绩低于统招生,但其大一学业成绩及其他各方面表现显著优于统招生,自主招生在人才选拔方面具有积极作用。[1][2][3][4] 另一类研究认为自主招生并未有效地选拔出理想的人才,如有学者研究提出获得自主招生破格录取学生的学业表现、社会活动能力、非认知能力等与高考统招生并无显著差别,这一结果可能与自主招生的标准模糊且"重选拔、轻培养"有关;[5]有研究者通过为期 5 年的追踪调查发现,自招生的学业成绩高于统招生,但控制高考成绩后,两者成绩差异就消失了。[6] 第三类研究则认为"自主招生"的人才选拔

---

[1] 马磊,赵俊和,石金涛,等.高校自主招生有效性的实证研究[J].上海交通大学学报,2009(9):1422—1426.
[2] 黄晓婷,关可心,陈虎,等.自主招生价值何在?——高校自主招生公平与效率的实证研究[J].教育学术月刊,2015(6):28—33.
[3] 郑钰莹,石鸥娅.高校自主招生与统招生培养质量对比研究——以 HF 大学为例[J].合肥工业大学学报(社会科学版),2018(6):134—140.
[4] 马莉萍,卜尚聪.重点大学自主招生政策的选拔效果分析[J].北京大学教育评论,2019(2):109—126.
[5] 吴晓刚,李忠路.中国高等教育中的自主招生与人才选拔:来自北大、清华和人大的发现[J].社会,2017(5):139—164.
[6] 崔盛,吴秋翔.自主招生、学业表现和就业薪酬[J].复旦教育论坛,2017(2):101—107.

效果在不同学生的不同表现方面存在差异,如有研究发现自招生入学后的专业成绩排名显著好于统招生,但在专业素养提升的自我认知方面与统招生并无显著差异;[1]有研究者利用2008年和2015年对全国自主招生学生的调查发现,2015年自招生的大一成绩显著优于统招生,但其在参与活动上无显著差异;[2]还有研究认为,自招生在本科期间获得奖学金的指标上优于统招生,但对就读高校的推荐度显著低于统招生,自主招生过程中学生与高校间双向选择的匹配度有待提高。[3]

总体来说,在拔尖人才选拔的实施效果方面,国内已取得丰富的研究成果,"学者们的研究覆盖自招生在校期间的学业表现、能力素养、社会实践以及毕业之后的去向与薪资等维度"。[4] 然而,受代表样本不同、数据采集时点不同、分析方法存有差异等因素的影响,当前对于拔尖人才选拔效率的研究仍无定论。同时,致力于为基础学科选拔和培养拔尖人才的"强基计划"刚开始实施,学者们倾向于对新政策的目标、意义展开讨论,或者依据以往拔尖人才选拔培养的经验提出新政策的潜在问题以及未来实施的建议,而对试点高校"强基计划"的招生效果尚需通过实证研究进行检验。鉴于此,本章利用2020年一所"强基计划"试点高校的本科新生调查数据,基于人才选拔效果的视角,对强基生入学时的基本特征、专业认知和发展规划、综合能力等方面进行分析,以系统考察"强基计划"的生源选拔效果。本章将试图通过实证分析回答以下问题:与统招生相比,强基生具有何种基

---

[1] 鲍威.高校自主招生制度实施成效分析:公平性与效率性的视角[J].教育发展研究,2012(19):1—7.
[2] 文雯,管浏斯.自主招生学生大学学习过程初探——以九所"985"、"211"高校自主招生群体为例的实证研究[J].清华大学教育研究,2012(3):98—104.
[3] 郭娇.高校自主招生公平与效率的实证研究——基于学生学业发展的视角[J].江苏高教,2020(3):37—42.
[4] 郭娇.高校自主招生公平与效率的实证研究——基于学生学业发展的视角[J].江苏高教,2020(3):37—42.

本特征？在专业认知和未来规划、综合能力上的表现是否更优？基于对上述问题的回答，本章将结合"强基计划"政策目标和我国现实国情，提出"强基计划"实施的政策建议。

三、分析策略

（一）样本来源

本章采用的分析数据来自国内一所"双一流"建设高校2020年的本科新生调查。这所高校是试点实施"强基计划"的顶尖大学之一，2020年度招收"强基计划"学生数占当年全校本科新生录取数的近30%，且招生专业覆盖到了人文社科（如哲学、考古学）、理学学科（如物理学、化学）和医学学科。2020年，研究者面向全校各院系（未招收本科生的院系和医学院除外）的本科新生发放调查问卷，共回收1680份问卷，占该年度录取新生数的一半比例。在剔除港澳台学生、艺术特长生、少数民族生、农村专项生、高考位次缺失的样本外，全校收集有效本科新生信息1271份。① 根据政策规定，"强基计划"学生必须通过全国统一高考且高考成绩一般不低于各省（区、市）本科一批录取最低控制分数线；一些试点大学规定获得学科奥林匹克竞赛（数学、物理学、化学、生物学和信息学）全国决赛相应奖项的学生达到所在省份本科一批最低录取控制线后，可破格入围相应省份的"强基计划"

---

① 艺术特长类招生、少数民族类招生、农村专项类招生均是面向特殊群体招生，与"强基计划"招生群体的特质存在较大差异，本章暂不将这些群体纳入考察范围。

考核。这意味着强基生来源于全国统考生和竞赛生两类群体,其中竞赛生必须达到本科一批最低控制线(与通过五大学科竞赛而被保送进入大学的保送生存有差异)。

为了保证强基生与非强基生的可比性,本章仅保留通过"强基计划"和高考统招录取的两类新生,并进一步删除未招收强基生的院系样本,最终进入分析的学生共有645名。通过与新生结构对比可以发现,样本学生在性别、录取方式等变量上均具有较好的代表性。招收强基生院系的学生特征如表4-1所示。强基生占招收强基生院系样本数的比例达到61.6%,占全校调查新生数的比例为31.2%。强基生和统招生在性别、家庭子女个数、户口类型、高中类型、家庭所在地方面存在差异。强基生中男生、独生子女、城市户口学生的比例分别为75.6%、81.1%和93.2%,均高于统招生中67.7%、73%和87.5%的相应占比;强基生中来自全国或省(区市)重点高中的比例为83.9%,高于统招生中72.5%的相应占比;强基生中父亲最高学历为高中及以下的比例(18.4%)低于统招生(22.2%),而大专及以上的比例(81.6%)高于统招生(77.8%)。因此,仅从描述统计来看,强基生的家庭背景和本人高中背景更好。

表4-1 2020年样本学生的基本特征

变量	类型	总体占比	强基生中的比例	统招生中的比例
性别	女	27.4%	24.4%	32.3%
	男	72.6%	75.6%	67.7%
是否独生	非独生	22.0%	18.9%	27.0%
	独生	78.0%	81.1%	73.0%
户口类型	农村	9.0%	6.8%	12.5%
	城市	91.0%	93.2%	87.5%

(续表)

变量	类型	总体占比	强基生中的比例	统招生中的比例
家庭所在地	省会或直辖市	41.9%	46.6%	34.3%
	地级市城市	29.6%	28.0%	32.3%
	县城或乡镇农村	28.5%	25.4%	33.5%
父母党员身份	都不是党员	40.9%	37.8%	46.0%
	至少一方是党员	59.1%	62.2%	54.0%
父亲最高学历	高中及以下	19.8%	18.4%	22.2%
	大专及以上	80.2%	81.6%	77.8%
父亲职业	无业	4.8%	3.5%	6.9%
	工人农民及其他	4.8%	4.0%	6.1%
	技辅、服务、个体	17.5%	15.1%	21.4%
	专业技术人员	30.5%	32.2%	27.8%
	管理人员	42.4%	45.2%	37.8%
家庭年收入	10万元以下	33.5%	28.7%	41.1%
	10—30万元	46.5%	48.9%	42.7%
	30万元以上	20.0%	22.4%	16.2%
高中类型	普通高中	5.3%	4.5%	6.5%
	地级市或县重点高中	15.2%	11.6%	21.0%
	全国或省(区市)重点高中	79.5%	83.9%	72.5%

试点院校招收强基生的学科大类(医学学科除外)有三种:理科类、工科类和人文类。如表4-2所示,理科学科的强基生占该学科样本总数的比例为67.4%,人文学科强基生占该学科样本数的比例为50.8%。在强基生样本中,理科类的强基生超过半数(占比52.2%),人文学科强基生的占比最低(16.6%);同时,理科类专业强基生中曾有过学科竞赛经历的学生(以下简称"竞赛生")所占比例达到93.7%;

人文学科强基生中的63.6%在高中阶段参加过学科竞赛。整体来看,试点高校理科类专业接收的强基生比例相对较高,且较高比例的学生曾有过学科竞赛学习经历。

表4-2 试点高校强基生的学科分布

学科类别	各学科样本中强基生的比例	强基生样本中各学科的比例	各学科强基生样本中竞赛生的比例
人文类	50.8%	16.6%	63.6%
工科类	59.6%	31.2%	90.3%
理科类	67.4%	52.2%	93.7%

(二)测评指标

在综合能力的测评上,内部学习动机是由4道李克特量表题加总平均而得,自我效能感是由10道李克特量表题加总平均而得;两个指标的信度系数分别为0.819和0.872,均高于0.8,较好地达到测量要求。[①] 研究能力、应用能力两个指标的10个测量题目均来自美国加州大学伯克利分校高等教育研究中心开发的研究型大学本科生就读经验调查问卷(SERU),并结合中国大学生的实际情况进行了适当修订。本章首先对10个题项进行了KMO和Barlett球形检验,KMO值为0.869,Barlett球形检验卡方值为5 150.7,对应概率$p<0.001$,非常适合进行因子分析。因子分析结果显示,特征值大于1的因子共有2个,共解释了64%的方差,其中第一个因子解释了37.7%,通过了共同方差检验;各个题项在某一指标

[①] 注:内部学习动机的测量题项包括"乐于尝试解决复杂的问题""乐于钻研全新的问题"等,采用艾曼贝尔(Amabile T M)等人编制的学习动机量表。自我效能感的测量题项包括"如果我尽力做的话,我总是能够解决问题""无论什么事在我身上发生,我都能应付自如"等,基于陈(Chen G)、格利(Gully S M)、伊登斯(Eden D)的一般自我效能感量表(New General Self-Efficacy Scale, NGSES)问卷。

上的载荷系数均高于0.5,同时2个因子间的相关系数均高于0.4(呈现中度相关),说明测量具有较好的结构效度。

在此基础上,研究对两个指标各自对应的题项进行加总求均值(每个题目取值1—4,1代表很差,4代表很好)。其中,研究能力由"分析和批判性思维能力""阅读和理解学术资料的能力""量化(数学和统计)分析能力""借助图书馆和在线信息进行研究的技能""设计执行和评价研究的能力"5个题目构成;应用能力由"清晰有效的写作能力""准备和进行汇报的能力""口头表达能力""领导能力""人际交往和团队合作能力"5个题目构成。研究能力和应用能力两个指标的信度系数分别为0.768和0.849,达到了测量要求。

(三) 分析方法

为了比较哪种特征的学生更可能通过"强基计划"被录取,本章首先构建如下的二元逻辑斯特回归模型:

$$\text{logit}(Y_i) = \beta_0 + \beta_1 * Ind_i + \beta_2 * Ses_i + \beta_3 * High_i + \beta_4 * Score_i + \gamma + \eta + \varepsilon_i$$

(1)

在方程(1)中,Y_i代表学生i的录取方式,包括高考统招和"强基计划"两类;Ind_i代表学生i的个体特质,包括性别、是否独生子女、户口类型等;Ses_i代表学生的家庭社会经济背景,包括家庭所在地、父亲学历、父亲职业、家庭年度总收入、父母党员身份、家庭教养方式①等;$High_i$代表学生的高中类型;由于高

---

① 注:家庭教养方式由"我和父母之间有亲密、温暖信任的关系""父母经常和我讨论有关学校或学习的相关事宜""我和父母经常说话沟通""我父母会理智客观地制定我在家里的行为准则""父母经常和老师沟通我在学校的表现"这5个题项加总求均值而得。其中,5个题项分别代表亲子关系、耐心倾听、行为规范、学业交流和家校联系五个测量维度。

考成绩仍然是能否被大学录取的重要考核指标,为考察考生高考成绩对不同录取方式的影响,本章将代表考生学业能力的变量——高考位次 $Score_i$ 纳入方程。鉴于不同省份间高考成绩的不可比性,本章加入了省份固定效应 γ。同时,为了保证比较的是同一院系的强基生和统招生,模型还进一步加入了院系固定效应 η。

为了评价"强基计划"是否实现了其人才选拔的目标,接下来本章从专业认知与未来规划、综合能力两个维度比较强基生和统招生的异同。一方面,由于"强基计划"希望招收专业认知水平更高和有志于长远从事基础学科研究的学生,因此本章分别以学生对即将学习专业的了解程度、对即将学习专业的兴趣程度、对大学发展规划的清晰程度三个变量为因变量,建立如下的有序逻辑斯特回归模型(2),以比较强基生和统招生在专业认知方面的差异:

$$\text{logit}(Y_i) = \beta_0 + \beta_1 * Admit_i + \eta + \varepsilon_i \tag{2}$$

其中,Y_i 分别代表学生 i 的专业了解程度、专业兴趣程度和未来规划清晰程度。专业了解程度取值1—4,1 表示完全不了解,4 表示非常了解;专业兴趣程度取值1—5,1 表示完全不感兴趣,5 表示非常感兴趣;未来规划清晰程度取值1—4,1 表示非常不清晰,4 表示非常清晰。核心自变量 $Admit_i$ 代表学生 i 通过高考统招还是"强基计划"录取。同方程(1),模型中加入院系固定效应 η 以比较同一院系两类学生的差异。

另一方面,根据《关于在部分高校开展基础学科招生改革试点工作的意见》,"强基计划"旨在探索建立"本—硕—博"衔接的培养模式和结合重大科研任务进行人才培养的机制,培养基础学科领域的高素质后备人才,服务于国家重大战略需求。具备较强的内部学习动机、自我效能感、科研能力等综合能力,毫无疑问更有助于强基生顺利适应大学学习生活和未来职业生涯。例如,有研究表明,自我效能感是个体认为自己有能力完成特定学习任务的预期与判断①,自我效能感越高的学生,通常自信程度越高,应对或处理内外环境事件的效能越高。基于此,本章进一步构建有序逻辑斯特回归模型(3),比较强基生与统招生在各项能力上是否存在差异:

$$\text{logit}(Y_i) = \beta_0 + \beta_1 * Admit_i + \eta + \varepsilon_i \tag{3}$$

其中,Y_i代表学生i的不同能力指标,分别代表内部学习动机、自我效能感、研究能力和应用能力;各项指标均由弱到强取值1—4。自变量$Admit_i$表示学生i通过高考统招还是"强基计划"录取,η表示院系固定效应。

四、分析结果

(一)强基生的基本特征

表4-3中的第3列"(1)'强基计划'比高考统招"中仅加入家庭背景等特征变量和院系固定效应,考察同一院系内不同背景特征的学生在高考录取方式上的差异;第4列"(2)'强基计划'比高考统招"在第3列基础上加入高考位次和省份固定效应,以考察同一院系内学生高考成绩与录取方式的关系,以及在控制高考成绩的情况下学生的哪些特征与高考录取方式有关。

结果显示:第3列不控制高考位次时,户口和家庭收入对学生报考"强基计

---

① Bandura A. Social Foundations of Thought and Action: A Social Cognitive Theory [M]. Englewood Chiffs, NJ: Prentice-Hall, 1986:324.

表4-3 不同类别学生的录取方式差异

		(1)"强基计划"比高考统招	(2)"强基计划"比高考统招
高考位次			0.09***
			(0.01)
性别[女]		0.36	−0.39
		(0.25)	(0.48)
户口[农村]		0.84*	1.35
		(0.36)	(0.99)
独生子女[非独生]		0.16	0.22
		(0.26)	(0.57)
家庭所在地 [县城和农村]	省会或直辖市	0.39	−0.67
		(0.28)	(0.75)
	地级市	−0.03	−0.04
		(0.28)	(0.58)
高中类型 [县级重点 与普通高中]	全国重点	0.54	1.54
		(0.38)	(1.00)
	省重点	0.50	0.90
		(0.34)	(0.91)
	地级市重点	−0.05	0.79
		(0.45)	(1.11)
父亲学历 [高中及以下]	大专及以上	0.76*	−1.00
		(0.35)	(0.10)
父亲职业类别 [无业]	管理人员	0.79	1.24
		(0.44)	(1.31)
	专业技术人员	0.78	1.00
		(0.44)	(1.27)
	技辅、服务、个体	0.29	0.66
		(0.45)	(1.19)
	工人农民	0.15	0.85
		(0.54)	(1.44)

83

(续表)

	(1)"强基计划"比高考统招	(2)"强基计划"比高考统招
其他职业	−0.62 (0.56)	−1.18 (1.66)
家庭年收入	0.19** (0.08)	0.17 (0.18)
父母至少一方是党员 [父母都不是]	−0.14 (0.20)	0.11 (0.49)
家庭教养方式	0.24 (0.16)	0.62 (0.40)
省份固定效应		√
院系固定效应	√	√
常量	−4.62*** (0.96)	−10.98*** (2.71)
观测值	645	641
Pseudo R^2	0.68	0.78

注：*** $p<0.01$，** $p<0.05$，* $p<0.1$；[ ]内为参照组，( )中的数字为标准误。

划"具有显著正向影响；但第4列加入高考位次后这两个变量的系数不再显著，说明同一院系内、相同学业能力的学生通过何种方式录取不存在显著的城乡差异和家庭收入差异。在未控制高考成绩时，相比于父亲为高中及以下学历的学生，父亲为大专及以上学历的学生报考"强基计划"的概率更低；但加入高考位次后，父亲学历对学生是否报考"强基计划"不存在显著影响。此外，第4列中高考位次越高的学生，越有可能通过"强基计划"被录取，即说明报考并被"强基计划"录取的学生高考成绩显著更低。以上结果表明，同一院系内强基生的高考成绩显著更低，但在其他方面与统招生没有显著差异。

(二) 强基生的专业认知和未来规划

大学新生对被录取专业的了解程度体现了专业认知水平。由于高中生在高考前的全部精力都在备考,高考结束后需要在短暂的志愿填报时间内通过查阅资料、咨询亲友和大学招生人员等方式来了解大学学科专业,导致多数本科新生对专业不了解、专业兴趣不高。2020年"强基计划"政策颁布后,试点高校制定了"强基计划"的招生和实施方案,详细介绍了招生专业的师资队伍、培养目标、考核方式等内容。相比较而言,报考"强基计划"的考生更有可能获得系统、全面的专业信息,对报考专业的熟悉程度可能更高。同时,由于被"强基计划"录取的学生在大学期间不能转专业,因此报考"强基计划"的学生也有更强的动力提前了解将要报考和就读的专业。表4-4第2列"对专业的了解程度"呈现不同录取方式新生在对即将学习专业了解程度的自评均值,其中强基生的自评均值为2.72,高于样本总体(2.69)和统招生(2.63)自评均值。表4-5第2列"对专业的了解程度(1)"进一步考察了同一院系强基生和统招生在专业了解程度上的差异,结果表明强基生对专业的了解程度显著高于统招生。

有研究表明,专业兴趣与学业成就之间存在相关关系[1],专业兴趣程度越高的学生,对自我能够进行正确评价,会将自我与职业要求结合起来,同时更能解决在学习过程中遇到的各种问题,学业成就通常越高。[2] 选择符合自己兴趣和能力的

---

[1] Schiefele U. Topic Interest and Levels of Text Comprehension [J]. In: Renninger K A, Hidi S, Krapp A. The Role of Interest in Leanring and Development [M]. Hillsdale, N. J.: Lawrence Erlbaum Assocaites. 1992:151-182.
[2] 关丹丹,张厚粲.大学生"兴趣—专业"适配程度与职业决策自我效能的关系[J].社会心理科学,2009(5):536—541.

表4-4 不同录取方式学生在专业认知和未来规划上的自评得分

均值	对专业的了解程度	对专业的兴趣程度	大学规划的清晰程度
样本总体	2.69	4.30	2.61
统招生	2.63	4.36	2.56
强基生	2.72	4.25	2.63

注：对专业的了解程度和大学规划的清晰程度均取值1—4，对专业的兴趣程度取值1—5。

表4-5 不同录取方式学生的专业认知和未来规划

	对专业的了解程度(1)	对专业的兴趣程度(2)	大学规划的清晰程度(3)
强基生 ［统招生］	0.36* (0.18)	−0.16 (0.16)	0.21 (0.18)
院系固定效应	√	√	√
样本量	645	645	645
Pseudo R^2	0.063	0.052	0.006

注：*** $p<0.01$，** $p<0.05$，* $p<0.1$；［ ］为参照组，( )中的数字为标准误。

专业，在很大程度上能够为本科生奠定良好的学业发展基础和职业发展起点。"强基计划"政策目标之一是选拔那些对基础学科有浓厚兴趣的人才，表4-5的第3列"对专业的兴趣程度(2)"检验了"强基计划"是否实现了这一目标——一方面，强基生对即将学习的专业兴趣程度的自评均值为4.25，表明这些学生对所选择的专业比较感兴趣；另一方面，强基生对专业兴趣程度自评值低于统招生，但同一院系内两类学生的差异并不显著。

本科新生对大学学习、生活规划的清晰程度是评估"强基计划"招生效果的另一个重要维度。"强基计划"重视基础学科拔尖人才的选拔与培养一体化；为了有序实施"强基计划"，试点高校探索实施小班化、导师制、"本—硕—博"衔接等培养模式,畅通学生成长发展渠道,并通过多种渠道宣传"强基计划"培养方案。表4-5的第4列"大学规划的清晰程度(3)"考察了强基生是否具有更加清晰的大学规划,结果表明:相比于统招生,强基生在大学规划清晰程度上的自评均值更高(接近于"比较清晰"),但同一院系内两类学生的差异在统计上不显著。

上述分析结果表明,相比于同一院系的统招生,强基生在入学时对专业更加了解,即这些学生更可能是在对所选专业提前了解的基础上做出的选择。强基生对即将学习专业的兴趣程度较高,自评值低于统招生但差异不显著;强基生对未来发展规划的清晰程度高于统招生,与统招生相比没有显著更优。

不同录取方式新生的专业了解程度、专业学习兴趣、未来规划清晰程度可能会受到不同学科专业的影响,基于此,本章进一步通过分样本回归来分析专业类别上的异质性。表4-6第2—4列的回归结果所示,在控制各类变量后,人文类专业和工科类专业的"强基生"与"统招生"的专业了解程度并不存在显著差异,但理科类"强基生"对专业的了解程度显著低于"统招生"。第5—7列的结果表示,人文类和工科类"强基生"对专业的兴趣程度,与"统招生"无显著差异,这与全样本回归结果一致;但理科类"强基生"对专业的兴趣程度显著低于"统招生"。第8—10列的结果表明,在未来大学规划的清晰程度上,人文类、工科类、理科类专业"强基生"均与"统招生"无显著差异,这与全样本的回归结果一致。

表4-6 不同录取方式学生专业认知和未来规划的学科差异

	对专业的了解程度			对专业的兴趣程度			大学规划的清晰程度		
	人文类 (1)	工科类 (2)	理科类 (3)	人文类 (4)	工科类 (5)	理科类 (6)	人文类 (7)	工科类 (8)	理科类 (9)
强基生 [统招生]	−0.13 (1.189)	−0.00 (0.631)	1.07** (0.536)	−1.26 (1.558)	0.57 (1.127)	1.06* (0.564)	−0.15 (0.179)	0.02 (1.011)	0.47 (0.493)

(续表)

	对专业的了解程度			对专业的兴趣程度			大学规划的清晰程度		
	人文类 (1)	工科类 (2)	理科类 (3)	人文类 (4)	工科类 (5)	理科类 (6)	人文类 (7)	工科类 (8)	理科类 (9)
其他变量	√	√	√	√	√	√	√	√	√
省份固定	√	√	√	√	√	√	√	√	√
院系固定	√	√	√	√	√	√	√	√	√
样本量	95	124	174	95	124	174	95	124	174
Pseudo R^2	0.524	0.263	0.231	0.62	0.63	0.32	0.76	0.59	0.24

注：*** $p<0.01$，** $p<0.05$，* $p<0.1$。

（三）强基生的综合能力表现

表 4-7 呈现了不同录取方式的学生在内部学习动机、自我效能感、研究能力和应用能力四个方面的自评均值情况，表 4-8 进一步通过回归模型比较强基生和统招生在各项能力上的异同。根据两表的第 2 列可知，调查高校学生具有较高的内部学习动机；强基生的内部学习动机高于统招生，但与同一院系统招生的差异不显著。第 3 列数据表明，本科新生的自我效能感水平相对较高（接近于 3），且强基生的自我效能感显著高于同院系统招生。第 4 列结果显示，学生的研究能力自评均值高于 3.0，即学生普遍认为自身的研究能力比较强；其中强基生的研究能力自评值显著高于统招生。第 5 列的数据显示，本科新生在应用能力上的自评得分处于 2.5—3.0 之间；其中强基生的应用能力略高于统招生，但同院系内部两类学生的差异不显著。

表4-7 不同录取方式学生在各项能力上的自评均值

均值	内部学习动机 (1)	自我效能感 (2)	研究能力 (3)	应用能力 (4)
样本总体	3.52	2.82	3.08	2.72
统招生	3.50	2.78	3.02	2.69
强基生	3.53	2.85	3.12	2.73

注:各项能力的取值范围均为1—4。

表4-8 不同录取方式学生的综合能力差异

	内部学习动机 (1)	自我效能感 (2)	研究能力 (3)	应用能力 (4)
强基生 [统招生]	0.06 (0.14)	0.27** (0.16)	0.49*** (0.15)	0.24 (0.16)
院系固定效应	√	√	√	√
样本量	645	645	645	645
调整后 R^2	0.017	0.005	0.014	0.007

注:*** $p<0.01$,** $p<0.05$,* $p<0.1$;[ ]为参照组,( )中的数字为标准误。

该试点高校的强基生分为竞赛生和非竞赛生两类,表4-9进一步考察了这两类学生分别与统招生在各项能力上的异同。第3列和第4列的结果表明,强基竞赛生在自我效能感和研究能力上的自评值显著更高,而强基非竞赛生在这些能力上与统招生无显著差异。第2列和第5列的结果显示,无论是否参与过学科竞赛,强基竞赛生在内部学习动机和应用能力上的自评均值,均高于统招生,但统计差异不显著。这一结果意味着强基生与统招生在自我效能感和研究能力上的差异主要是由于强基竞赛生群体在这些方面显著更优,而强基非竞赛生与统招生没有显著差异。依据"强基计划"招生政策,获得奥赛奖项的考生唯有高考成绩达到所在省市本科一批录取控制线以上才有可能入围"强基计划"校内考核,这一规定有助于试点高校从庞大的高考生和竞赛生群体中筛选到那些具有学科特长且综合能力较强的考生,从而保障了强基生的学科基础和全面素养。

表4-9 不同录取方式学生的综合能力差异

	内部学习动机 (1)	自我效能感 (2)	研究能力 (3)	应用能力 (4)
强基非竞赛生 [统招生]	−0.24 (0.30)	0.11 (0.29)	−0.06 (0.29)	0.11 (0.28)
强基竞赛生 [统招生]	0.11 (0.17)	0.30* (0.16)	0.58*** (0.17)	0.27 (0.16)
院系固定效应	√	√	√	√
样本量	645	645	645	645
调整后 R^2	0.017	0.005	0.015	0.009

注:*** $p<0.01$,** $p<0.05$,* $p<0.1$;[ ]为参照组,( )中的数字为标准误。

五、结论建议

(一)结论讨论

2020年是"强基计划"招生的元年,政策尚处于"试水"阶段,尽管人才选拔效果的全面评价有待基于长期追踪调查的研究,但对其短期效果的初步探索对及时了解政策实施现状仍有裨益。本章基于某试点大学本科新生抽样数据,评价了该校"强基计划"的人才选拔效果,并得到以下研究发现。

（1）强基生在家庭背景、高中类型、个体特质等方面均与同院系的统招生没有显著差异，但是在高考成绩上显著更低。这体现了"强基计划"招生的倾斜性，即高校为了招收"有志向、有志趣、有天赋"的人才，而采取了适当降分的策略。

（2）强基生对即将学习专业的了解程度显著高于本院系的统招生；强基生对所选择专业感兴趣的程度较高，但与统招生无明显差异；同时，强基生对大学规划清晰程度与统招生的差异不显著。

（3）强基生和统招生均表现出较强的内部学习动机，但两类学生没有显著差异；强基生的应用能力自评值略高，不过与统招生没有明显差异。相比于统招生，强基生的自我效能感和研究能力显著更优，进一步分析发现其主要原因是强基竞赛生对这两项能力的自我评价较高。

上述实证研究表明，"强基计划"在一定程度上达成了一定的人才选拔目标，但也揭示出选拔效果的多面性：一方面，强基生的专业了解程度更高，侧面说明由于"强基计划"只在特定专业招生，且一旦被录取不能在大学期间转专业，这就倒逼那些希望被"强基计划"录取的学生更加积极地了解即将学习的专业，而建立在了解基础上的专业选择相对来说可能更具理性。强基生与统招生的专业兴趣没有差异，可能是由于两类学生在此方面本身处于较高水平，从而很难体现更为明显的区别。但强基生的自评均值略低于统招生，基于对该试点校部分学生的访谈发现，这一结果受如下一些因素影响：尽管强基招生专业并非个人理想的或深感兴趣的专业，一些考生依然基于"冲刺好学校""选个学校和专业保底"等心态报考"强基计划"；当个人高考分数低于试点高校在本省（市）的统考录取分数线时，考生往往选择借助"强基计划"增加被顶尖大学录取的机会。由于"强基计划"政策从颁布到招生实施尚不足一年，考生及其家长对"强基计划"的改革立意和政策方向的认识不够，或者对基础学科专业缺乏深入的了解，一些对基础学科怀有浓厚兴趣和较高天赋的考生，在获得较高的高考成绩后主动放弃了"强基计划"，而选择通过统招录取到相近专业或其他感兴趣的专业。在大学规划清晰程度方面,强基生的自评均值低于 3.0 且与统招生没有差异,这既在一定程度上表明通过国家、试点高校和社会对"强基计划"政策、强基专业培养方案等的宣传,强基生对未来的发展方向具有了一定程度的规划。但同时反映了在入学初期,强基生的规划尚不是特别清晰,在调研中发现尽管试点高校为强基生提供了"本—硕—博"衔接的升学通道、科学研究的平台与资源等,一些强基生在入学初期依然不明确未来是否要真正从事基础学科的科学研究,还有一些强基生不确定是否能在本、硕、博阶段坚持学习选定的强基专业,抱着"边走边看"的态度进入大学,对个人的学业和职业缺乏系统规划。

另一方面,强基竞赛生在某些核心能力的自评值显著高于统招生,但强基非竞赛生在这些能力上与统招生并无明显差异。这一结果可能受多重因素的影响,例如,出于对某一领域(如数学、物理学)的浓厚兴趣和天然禀赋,部分竞赛生在中学阶段能够积极自主地探索学科奥秘和解决复杂问题,从而带来了他们在研究能力、自我效能感、内部学习动机等方面的更优秀表现;由于在中学有机会提前涉猎大学教育的内容、外出参与学科比赛和大学组织的各项活动等,使得竞赛生相比于统招生来说更为自信,进而对自身各方面能力的评价更高。但值得关注的是,强基非竞赛生在内部学习动机、研究能力等方面的自评值与统招生无差异,这可能是由于试点高校招收的生源本来就是十分优质的,通过"强基计划"与高考统招录取的考生在诸方面能力上的差异很难得到明确区分;相比于有过学科竞赛经历的强基生,强基非竞赛生和统招生在高中学习活动经历上没有实质差异,相应能力上的表现差异不显著;试点高校在选拔非竞赛生源时,将高考成绩作为最主要的评价依据,而忽视了对他们能力素质的系统全面考察等。

综上,相比于高考统招,试点高校通过"强基计划"选拔的生源对未来学习专业的了解程度显著更高,不过未来在选拔与培养对专业更感兴趣、对未来规划更为清晰的强基生方面存在较大的提升空间。相比于同院系的统招生,具有学科竞赛经历的强基生在自我效能感、研究能力上具有优异的表现,但试点高校未来如何从没有竞赛经历的考生中优中选优,值得进一步探索。

(二)相关建议

学生对基础学科具有浓厚的学习兴趣、持久的研究志向、崇高的学术使命感以及较强的综合素质,既是"强基计划"选拔生源的关键目标,也是人才培养的重要旨向。通过短时间的招考程序将具有绝对优势的拔尖人才精准地筛选出来绝非容易之举,在大学阶段对人才实施更具针对性的培育也极为重要。关于进一步提升"强基计划"的实施效果,本章提出如下思考和建议。

一是将基础学科拔尖人才的培养作为"强基计划"政策落实的重要任务。目前该试点高校"强基计划"的招生结果,在某种程度上反映了考生在功利主义和价值追求上的错位和偏向。"学术拔尖人才往往表现出与学术探究相关的智能强项和强烈的学术探究冲动……实施'强基计划'的关键在于引导学生认知学术与体验学术活动"。[①] 在未来的"强基人才"培养过程中,试点高校应充分认识"强基计划"政策的价值导向,基于自主招生的历史经验、"强基计划"招生培养的初步实践等,充分利用现有的招生和培养自主权,不断完善"强基计划"人才的招生培养方案;通过一体化、专门化、个性化的培养,引导和激发学生的专业兴趣、探究热情,帮助其明晰未来的发展规划和更好地适应大学生活。

二是进一步探索更加科学有效的基础学科拔尖人才选拔标准与实施方案。强基人才选拔的核心在于考察学生的兴趣偏好、学科特长、学术志趣、综合能力

---

① 母小勇."强基计划":激发与保护学生学术探究冲动[J].教育研究,2020(9):90—103.

等。由于政策颁布到正式实施的间隔不长,多数试点高校在实施"强基计划"招生时,要么将选拔标准简单化为奥赛奖项和高考成绩,要么采用传统自主招生或"珠峰计划"选拔的方式进行考核。尽管为了避免考生报考"强基计划"的功利主义倾向,国家和试点高校的招生政策均明确规定强基生在大学期间不能转专业,但仍然难以避免会招录一些为了增加录取机会且熟悉竞赛考试模式,但对专业领域并无较高热忱或者在入学前自我认知和专业认知仍不是非常明确的强基学生。前文的研究表明,强基选拔的竞赛生在某些能力方面确有优异表现,但强基竞赛生对专业的兴趣程度低于统招生和未有过竞赛经历的强基生。因此,采取何种标准与方式才能从更广大的考生群体中,识别并选拔出真正对专业感兴趣且具有坚定专业志向的优秀人才,对试点高校及招生院系(尤其是人文类院系)来说更为关键,这需要未来不断加强理论研究和实践探索。

　　三是持续探索并不断完善基础学科拔尖人才的全过程培养体系。本科阶段是学生专业探索的重要时期,也是学术志趣养成的关键阶段。已有研究发现,大学阶段的研究经历和有趣的 STEM[科学(Science)、技术(Technology)、工程(Engineering)、数学(Mathematics)四门学科英文首字母缩写]课程都对学生坚持在 STEM 领域持续发展具有显著影响。[①] 因此,相比招生,通过系统化的培养来引导强基生形成稳定的学术志趣,采取个性化的方案来激发强基生的专业认同感,提供资源和平台来帮助强基生更好地发挥学科优势和能力特长,是各试点高校实施"强基计划"中更为关键、更加重要的任务。为了培养有志于投身基础学科研究的拔尖创新人才,一些高校提出采取多元化授课方式、学术导师制、鼓励学生参与科研等方式进行专门化的培养。除此之外,还可以通过组织丰富的专业和职

---

① 朱红,彭程,马莉萍.青少年科学兴趣的形成发展及其对大学学业的影响[J].教育学术月刊,2020(9):78—85.

业体验类活动、搭建跨年级学生沟通渠道等方式,引导强基生更深入地了解基础学科和认识学术职业,激发他们的专业兴趣和探究热情,提高他们的专业认知度和认同感。

四是高中与大学联动组织生涯规划教育等活动,引导学生探索兴趣、明确未来规划。有效的生涯教育能够引导学生更自主地思考人生和未来,将学校教育与生活实践、未来大学专业选择和职业世界建立更密切的关联,更深入地自主学习,从而促进学生个性和社会性的均衡发展,提升创新思维和人格的发展水平。[1] 同时,学生在信息不充分的情况下,如果接触某一学科或研究领域,能够潜在帮助他们了解这一领域,以及这一领域是否与个人能力和兴趣相匹配。[2] "强基计划"的招生专业均为基础学科,尤其需要报考学生能够在对自身专业兴趣、未来职业取向明晰认识的基础上做出理性选择。因此,高中与大学联动发挥各自优势,通过组织系统化、针对性的生涯教育课程或活动,促使高中生正确认识自我、发掘兴趣特长,帮助他们了解大学学科专业、理性填报志愿、合理规划发展方向。

---

[1] 张文杰,哈巍,朱红. 新高考背景下不同阶层学生入学机会变化及学校生涯教育的补偿效应探究——以某双一流大学为例[J]. 教育发展研究,2020,40(Z1):57—64.
[2] Fricke H, Grogger J, Steinmayr A. Exposure to Academic Fields and College Major Choice [J]. Economics of Education Review, 2018(64):199-213.

第五章 "强基计划"学生的专业兴趣

一、研究问题提出

  大学生对所学专业的兴趣不仅对他们自身发展有着深远影响,也对高校的人才培养发挥着积极作用。一方面,多数实证研究结果表明专业兴趣不仅对大学生的学习动机[1]、专业坚持[2]和学习效果[3][4]等具有重要促进作用,也显著影响着他们的职业基础能力(如专业实践技能、沟通能力)、就业预期等。[5] 而学生在进入大学前对特定学科专业的兴趣是大学阶段专业学习的基础,初始的学科专业兴趣与大学阶段逐步深化的专业兴趣则能够为学生未来的学术志向或职业志趣奠基。[6] 另一方面,考察报考学生对所选专业的兴趣,能够帮助高校识别出那些更有

---

[1] He X M, Chen X M. Effects of Students' Engagement on Learning Interest [J]. Global Education, 2008, 37(3): 46−51.
[2] 高山川,孙时进.大学生的基本兴趣及其与专业承诺的关系[J].心理学探新,2014,34(5):463—467.
[3] Renninger K A, Hidi S, Krapp A. The Role of Interest in Learning and Development [M]. In: Krapp A, Hidi S, Renninger K A. Interest, Learning, and Development. Hilsdale: Lawrence Erlbaum Asociates, 1992: 1−26.
[4] 张进明,孔锦,陈同扬,等.大学生专业兴趣调查研究——以南京工业大学低年级大学生为例[J].高校教育管理,2014,8(4):109—114.
[5] 林云.高职学生专业兴趣对学习成效影响的调查分析[J].教育与职业,2011(8):183—184.
[6] 朱红,彭程,马莉萍.青少年科学兴趣的形成发展及其对大学学业的影响[J].教育学术月刊,2020(9):78—85.

可能坚持完成大学学位及在专业方面取得成功的学生。[1] 因此,选拔出那些对学科专业感兴趣的生源并加以精心、专门化培养,对于保障大学及其院系人才培养的目标实现具有重大意义。

大学生的专业兴趣受到学校教育、家庭教育、个体特征及志愿填报政策等多类因素的影响,如师生关系[2]、合作学习和课堂互动[3],家庭经济社会背景以及父母的尊重、支持和建议[4]、个人性格与天赋[5]、学术动机与学习水平[6]、对学科专业的了解程度[7]、中学相关学科的成功体验[8],以及志愿填报机制与专业选择时间[9][10][11]等。在我国,绝大多数学生需要在入学前填报大学和专业。一旦被大学录

---

[1] Nye C D, Butt S M, Bradburn J, et al. Interests as Predictors of Performance: An Omitted and Underappreciated Variable [J]. Journal of Vocational Behavior, 2018,108:178-189.

[2] Myers R E, Fouts J T. A Cluster Analysis of High School Science Classroom Environments and Attitude toward Science [J]. Journal of Research in Science Teaching, 1992,29(9):929-937.

[3] 安桂清,陈艳茹.课堂话语对学生数学学习成就影响的多层线性模型分析——基于GTI视频研究的上海数据[J].全球教育展望,2021(1):89—103.

[4] 徐琳,唐晨,钱静,等.大学生专业兴趣度与转专业倾向及行为的关系[J].心理研究,2011,4(3):72—76.

[5] 郭孟超,郭丛斌,王家齐.家庭背景对中国大学生专业选择的影响[J].教育学术月刊,2020(6):58—65.

[6] Hidi S, Renninger K A. The Four-Phase Model of Interest Development [J]. Educational Psychologist, 2010,41(2):111-127.

[7] Schnel C, Loerwald D. Interest as an Influencing Factor on Student Achievement in Economics Evidence from a Study in Secondary Schools in Germany [J]. International Review of Economics Education, 2018(30):1-10.

[8] 童腮军,范安平.大学生专业类型与专业兴趣吻合程度研究[J].现代教育科学,2006(9):124—128.

[9] Iyengar S S, Lepper M R. When Choice is Demotivating: Can One Desire Too Much of a Good Thing? [J]. Journal of Personality & Social Psychology, 2000,79(6):995-1006.

[10] 马莉萍,朱红,文东茅.入学后选专业有助于提高本科生的专业兴趣吗——基于配对抽样和固定效应的实证研究[J].北京大学教育评论,2017(2):131—144+190—191.

[11] 刘霄,蒋承.专业录取方式与大学生专业兴趣的发展——基于本科四年追踪调查数据的分析[J].复旦教育论坛,2018(5):53—60.

取，就需要进入相应的院系进行专业学习。在做出关于进入哪所大学以及何类专业的决定前，学生主要通过高中阶段的课程学习、社会实践、科研体验、生涯教育等机会来增长学科知识、提升个体能力、探索生涯方向等。这一时期发展和探索的结果直接或间接地影响着高中生对自身、高校和专业的了解，以及对未来学业、职业生涯的规划等，进而可能影响他们对报考专业的感兴趣程度。同时，高中是学生成长的关键期，他们大学及未来发展所需要的许多核心素质，如兴趣、思维方式、动手能力、创造力等，都是在高中阶段培养和发展起来的。因此，高中期间的哪些教育活动有助于提升大学新生入学初始的专业兴趣值得特别关注。

"强基计划"旨在招收一批对基础学科有志向、有兴趣、有天赋的青年学生进行专门培养，为国家重大战略领域输送后备人才。为了筛选到适切人才并防止考生的功利性选择，"强基计划"一方面控制高校招生名额、拔高入围标准，另一方面允许高校通过多样化方式考察学生素质和能力，同时还规定考生仅能报考一所试点高校且录取后原则上不得转专业。从政策目标和制度设计来看，相比于其他招生方式，"强基计划"更加强调为国选才且更为注重学生的专业兴趣。那么，对于"强基计划"招收的这批学生而言，哪些高中经历能够切实提升他们的专业兴趣程度，讨论与反思这一问题能够为未来高中教育改革和高校强基人才选拔培养提供更具针对性的建议。

基于此，本章借助对某一所试点高校2020年和2021年入学的两届本科新生问卷调查数据，从学校、家庭、个体三个层面系统探讨高中经历对大学新生专业兴趣的影响效应，并通过比较强基生、统招生来分析不同类型活动对两类学生的异质性影响，以期为未来"高中—大学"衔接式的人才培养改革和"强基计划"政策有效推进提供实证依据。

二、相关文献综述

大学生进入大学时的专业兴趣受学校、家庭和个体因素的影响,接下来将分别从这三个方面对已有研究进行回顾。

(一) 学校活动经历与大学专业兴趣

学校层面的因素包括教师与教学、各类活动的参与等方面。本章重点考察大学新生在学科竞赛、大学先修课、科技创新发明、社会实践调查、生涯教育以及大学组织的相关活动方面的参与效果。这些活动能够帮助学生提前了解大学相应学科和专业或者提高个体的学业规划能力等,从而可能对他们的专业兴趣有预测作用。

(1) 学科竞赛与专业兴趣。相关学科的探究与学习会提升学生对相应专业(如数学和科学)的入读倾向,为大学阶段专业兴趣的发展与稳定奠定基础。一些实证分析表明,学科竞赛对学生的专业兴趣产生了积极影响。竞赛能够作为强化参赛学生对科学的兴趣,以及在高中持续保持科学兴趣的一种重要方式,同时影响着后续的大学专业决定、学术目标与职业兴趣。[1] 另一些研究指出,尽管科学竞赛总体上对学生了解科学活动、持续学习科学等产生了积极影响,但

---

[1] Hartman W T, Feir P. Preparation for College: A Customer-Supplier Framework [J]. Quality Management Journal, 2000(1):39-57.

不同竞赛活动对学生科学兴趣和学习积极性的影响存在差异。① 此外,还有研究发现参与学科竞赛对学校的科学学科持有积极态度,但热情(即热切的兴趣)缺失。②

(2) 大学先修课与专业兴趣。大学先修课是在高中开设的大学层次的课程,从理念和优势来看,中学生修读这类课程有助于他们了解大学相关专业内容,提前体验大学阶段学习,更科学地选择专业、研究领域,缩短大学适应期等。③ 一些实证研究结果表明大学先修课能够开阔学生学术视野,使学生对学术研究和探索具有初步认识④,激发学生的学习潜力并能够培养他们对特定学科的专业兴趣⑤,对未来的大学专业选择产生一定影响。⑥ 但也有分析指出,高中阶段参加统计学科的大学先修课程和考试,尽管有助于学生为未来参加更多统计学课程和学习统计专业做准备,但与他们对统计学科的兴趣没有显著关联。⑦

---

① Miller K, Sonnert G, Sadler P. The Influence of Students' Participation in STEM Competitions on Their Interest in STEM Careers [J]. International Journal of Science Education, 2018,8(2):95-114.
② Oliver M, Venville G. An Exploratory Case Study of Olympiad Students' Attitudes towards and Passion for Science [J]. International Journal of Science Education, 2011,33(16):2295-2322.
③ 王振存,林宁.美国大学先修课程的理念、优势、局限及启示[J].课程·教材·教法,2016(9):114—120.
④ 赵娟.CAP课程的实施:现状、问题与对策研究[D].湘潭:湖南科技大学,2016.
⑤ College Board. AP ®: A Foundation for Academic Success [EB/OL].(2013-03)[2022-03-04]. https://www.proquest.com/reports/ap ®-foundation-academic-success/docview/1720065614/se-2?accountid=13151.
⑥ 马莉萍,于思化,黄琬萱.中国大学先修课与中学生学科兴趣——基于全国29省119所中学的实证研究[J].教育发展研究,2017(11):1—8.
⑦ Patterson B F. Advanced Placement Statistics Students' Education Choices After High School [EB/OL].(2009-12)[2022-03-04]. https://www.proquest.com/reports/advanced-placement ®-statistics-students-education/docview/1773215061/se-2?accountid=13151.

(3) 科技创新发明与专业兴趣。中学科创项目在国内较少见。[1] 有学者提出以培养学生创新意识、实践能力为目标的高中科技创新活动对学生创新探究意识的形成具有重要作用,激发了学生投入相关学科学习的热情;[2][3]中学时就完成过科创项目学生的突出特征是更早找到了专业上具体的行动方向,有助于学术志趣的成熟。[4]

(4) 社会实践调查与专业兴趣。社会实践调查活动是学生们基于已有知识、经验和兴趣,在发现并提出问题的基础上,通过实地观察、实验等方法来搜集证据、探索解决方案的活动。有研究表明,社会调查活动有效提升了学生的团队合作能力、解决问题能力等,同时促使学生对自己的人生目标进行深入思考,在一定程度上可能影响他们未来对职业的选择;[5]此外,该类活动丰富了学生的生活体验,激发了学生自主学习和对活动的兴趣,这种兴趣在学科中得到迁移。[6]

(5) 生涯教育与专业兴趣。生涯教育是将知识技能和以从事职业为中心的就业指导与个人的价值观和职业观教育联系在一起的生涯指导教育活动。[7] 多数研

---

[1] 陆一,冷帝豪.中学超前学习经历对大学拔尖学生学习状态的影响[J].北京大学教育评论,2020(4):129—150+188.

[2] 郑若玲,刘盾,谭蔚.大中学衔接培养创新人才的探索与成效——以厦门大学附属科技中学为个案[J].湖南师范大学教育科学学报,2016(2):56—63.

[3] 胡同文,闵丽,李廷容.普通高中开展科技创新教育的实践与思考——以新津县华润高级中学为例[J].科技教育,2019(22):117—119.

[4] 陆一,冷帝豪.中学超前学习经历对大学拔尖学生学习状态的影响[J].北京大学教育评论,2020(4):129—150+188.

[5] 李韦唯.普通高中综合实践活动课程的学习成效研究[D].南京:南京大学,2020.

[6] 高志文,罗晓章,文传福.综合实践活动课程序列开发与常态实施——以成都双流中学实验学校为例[J].课程·教材·教法,2018(4):79—86.

[7] 南海,薛勇民.什么是"生涯教育"——对"生涯教育"概念的认知[J].中国职业技术教育,2007(3):5—6.

究从理念和价值层面讨论指出,生涯教育能够指导学生了解专业与学科、专业与职业等的关系,探索不同职业的专业素养要求和体悟不同职业的社会价值,使学生尽早明确学习目标和专业方向,并根据个人兴趣做出适切自身的专业选择,进而利于增强学生对大学专业的兴趣程度。[1][2] 有实证分析同样发现了高中生涯教育促进学生在高中阶段探索和思考未来的专业方向和职业发展,有助于提高高中生大学专业选择的适配度,从而推动专业兴趣的构建。[3]

(6) 大学组织的相关活动与专业兴趣。面向高中生,大学组织的活动包含夏令营或冬令营、教授开设的讲座、校园开放日等多种形式。目前,国内关于大学组织的各类活动对准大学生专业兴趣的实效研究成果尚相对匮乏,仅有少数研究指出高中生参与大学学术活动(如导师课题组会议、听老师讲解知识、听学术报告、观摩导师与学长做实验),训练了学生科学研究的能力并提高了他们对相关学科和科学研究的兴趣。[4]

(二)家庭教养方式与大学专业兴趣

家庭层面的因素涵盖家庭经济社会背景、家庭教养方式等。本章侧重于分析家庭教养方式,这是由于以往研究表明家庭教养方式影响了青少年的认知能力与

---

[1] 顾雪英,魏善春. 新高考背景下普通高中生涯教育:现实意义、价值诉求与体系建构[J]. 江苏高教,2019(6):44—50.
[2] 李秀珍. 韩国生涯教育保障体系及特点分析[J]. 比较教育研究,2020(12):78—85.
[3] 鲍威,金红昊. 新高考改革对大学新生学业适应的影响:抑制还是增强[J]. 华东师范大学学报(教育科学版),2020(6):20—33.
[4] 余秀兰,张红霞,龚雪,等. 高中与大学衔接培养创新人才的探索与反思——以J中学与N大学 "准博士培养站"为个案[J]. 湖南师范大学教育科学学报,2016,15(2):64—70.

学业成就、人格与社会性发展、生涯决策等。[1][2][3] 且家庭社会经济地位作为外层系统变量,要经过父母教养方式这一微系统变量,才能作用到幼儿和青少年身上。[4] 相较于父母学历、收入等原生的、短时期内难以改变的条件,高中期间父母对子女的教养态度和行为更可能对学生的专业选择和兴趣程度产生直接影响。

家庭教养方式是父母通过养育行为传递给孩子,并由孩子感知到的家长态度与情感行为。不仅包括具体的、目标导向的、家长履行养育职责的行为,也包括家长间接的、不自觉的情感表达,由父母对子女的教养信念、目标、风格和实践所组成。[5] 诸多研究发现家庭教养方式与学生的心理状况、学习动机、自我效能感、学业表现等多个方面存在相关关系。[6][7][8][9] 包含温暖、支持、促进子女参与和自我

---

[1] Lee K S, Kim S H. Socioeconomic Background, Maternal Parenting Style, and the Language Ability of Five-and Six-year-old Children [J]. Social Behavior and Personality: An International Journal, 2012, 40(5):767-781.

[2] Seginer R. Parents' Educational Expectations and Children's Academic Achievements: a Literature Review [J]. Merrill-Palmer Quarterly, 1983, 29(1):1-23.

[3] 刘程,廖桂村.家庭教养方式的阶层分化及其后果:国外研究进展与反思[J].外国教育研究,2019(11):92—104.

[4] Bronfenbrenner U. Ecology of the Family as a Context for Human Development: Research Perspectives [J]. Developmental Psychology, 1986, 22(6):723-1986.

[5] Darling N, Steinberg L. Parenting Style as Context: an Integrative Model [J]. Psychological Bulletin, 1993, 113(3):487-496.

[6] Rice K, Cunningham T, Young M. Attachment to Parents, Social Competence, and Emotional Well Being: Measurement Validation and Test of a Theoretical Model [J]. Journal of Counseling Psychology, 1997, 44:89-101.

[7] Zhou S. The Relationship between Parental Support and Career Development of University Students [D]. Hong Kong: Chinese University of Hong Kong, 2013.

[8] Masud H, Thurasany R, Ahmad M S. Parenting Style and Academic Achievement of Young Adolescents: a Systematic Literature Review [J]. Qual Quant, 2015, 49:2411-2433.

[9] 朱红,张文杰.精英大学生家庭特征及其对子女能力素质的影响——以北京大学2016—2018级新生为例[J].高等教育研究,2020(10):71—82.

导向体验的家庭养育方式,能够鼓励子女积极地进行学业和职业探索,并有助于他们在选择感兴趣学科与职业上的自主决策[①],从而使得学生选择的大学专业可能更符合自身的兴趣点且与个体能力相匹配。同时,一些研究表明父母的支持能够提升高中生在科学学习上的效能感,进而有助于提高他们对科学的兴趣和大学选择科学学科的可能[②],且高中期间父母的态度和教育期望,与学生进入大学后STEM专业的学业成功密切相关。[③]

(三)个体学业能力与大学专业兴趣

个体层面的因素包括学生的性格与天赋、学习动机、学业能力等,本章将重点考察学生学业能力与其专业兴趣之间的关联。

兴趣与个体学业能力密切相关[④],以往较多研究证实兴趣是解释大学生学习和学业表现的关键性因素[⑤][⑥],但关于学业能力如何影响学生大学专业兴趣的直

[①] Noack P, Kracke B, Gniewosz B, Dietrich J. Parental and School Effects on Students' Occupational Exploration: A Longitudinal and Multilevel Analysis [J]. Journal of Vocational Behavior, 2010,77(1):50-57.

[②] Wyman M. College Students' Experiences with High School Science: Promoting Interest and Achievement in Science [D]. Claremont: Claremont Graduate University, 2019.

[③] Hinojosa T, Rapaport A, Jaciw A, et al. Exploring the Foundations of the Future STEM Workforce: K-12 Indicators of Postsecondary STEM Success. REL 2016-122[J]. Regional Educational Laboratory Southwest, 2016.

[④] Passler K, Beinicke A, Hell B. Interests and intelligence: A Meta-analysis [J]. Intelligence, 2015, 50:30-51.

[⑤] Schiefele U, Krapp A, Winteler A. Interest as a Predictor of Academic Achievement: A Meta-analysis of Research [M]. In: Renninger K A, Hidi S, Krapp A. The Role of Interest in Learning and Development. New York: Psychology Press, 1982:183-212.

[⑥] Schnel C, Loerwald D. Interest as an Influencing Factor on Student Achievement in Economics Evidence from a Study in Secondary Schools in Germany [J]. International Review of Economics Education, 2019(30):1-10.

接成果尚不多见。截至目前,探讨学业能力与专业兴趣关系的路径主要有两条:一是从兴趣的发生机制入手讨论学业能力对专业兴趣的影响。兴趣产生的不同机制可由不同的理论假设阐述,如需要假设、认知假设、信息假设以及信息—目标假设。[①] 其中,认知假设主张兴趣产生于认知过程中,学生在高中学习过程中,通过逐步了解和认识某一学科,以及基于对相关学科的成功体验(如取得好的学业成绩),产生了对该学科的兴趣,从而可能在大学阶段选择相应的学科领域。[②] 二是从高考录取机制入手,分析考生高考成绩与专业兴趣的关联。有研究指出,在我国大学录取机制下,大学根据考生的高考分数和志愿做出是否录取的决定,如果学生分数很高,则可以被所填报的大学录取到填报的专业;但如果考生的分数相对较低,则可能无法被第一志愿高校或志愿专业录取[③],被迫接受专业调剂,从而缺乏对大学学习专业的兴趣。[④]

通过文献梳理可以发现,一方面,关于某些高中经历对大学新生专业兴趣的影响效应,国内外尚缺乏充足的实证检验,或者研究结果尚无定论。以家庭教养方式为例,目前研究更多聚焦于探究其对学生心理特征、行为表现、认知能力、生涯决策等方面的影响,缺乏关于家庭教养方式与高中生所选大学专业兴趣之间关系的系统研究成果。另一方面,已有对大学生专业兴趣影响因素的调查和分析主要局限于某一类因素,鲜有研究从个体、家庭和学校三个层面综合考察不同高中

[①] 朱红,彭程,马莉萍.青少年科学兴趣的形成发展及其对大学学业的影响[J].教育学术月刊,2020(9):78—85.
[②] Sahin A, Waxman H C, Demirci E, et al. An Investigation of Harmony Public School Students' College Enrollment and STEM Major Selection Rates and Perceptions of Factors in STEM Major Selection [J]. International Journal of Science and Mathematics Education, 2020,18:1249-1269.
[③] 马莉萍,朱红,文东茅.入学后选专业有助于提高本科生的专业兴趣吗——基于配对抽样和固定效应的实证研究[J].北京大学教育评论,2017(2):131—144+190—191.
[④] 徐琳,唐晨,钱静.大学生专业兴趣度与转专业倾向及行为的关系[J].心理研究,2011,4(3):72—76.

经历对学生进入大学时的专业兴趣所产生的影响,使得专业兴趣影响因素的研究存在较大局限性。此外,国内外一些研究分析了就读STEM或其他科学专业的大学生专业兴趣的影响因素,但在"强基计划"实施背景下,鉴于政策颁布实施的时间较短,目前仅有个别研究讨论了强基生的专业兴趣现状[1]或者被录取学生缺乏兴趣的原因[2],截至当前尚缺乏对于强基生这一特殊群体专业兴趣影响因素的实证探讨。基于此,本章尝试运用一所高校两个年度的新生调查数据,系统考察学校活动经历、家庭教养方式和个体学业能力是否影响大学新生(尤其是强基生)的专业兴趣。

三、分析策略

(一) 样本特征

本章采用的数据同样来自一所试点高校2020年和2021年的本科新生调查。这所高校两个年度招收"强基计划"学生数均占当年全校本科新生录取数的三分之一以上比例,且招生专业覆盖了人文社科和理工学科。因此,从数据可得性和针对性来看,运用该校调查数据进行分析能够较好地回答本文的研究问题。调查于每年8—9月(即新生被录取后到入学初期)开展。课题组面向全校各院系(未招收本科生的院系和医学院除外)的本科新生发放调查问卷,2020年度和2021年

---

[1] 崔海丽,马莉萍,朱红.谁被"强基计划"录取?——对某试点高等学校2020级新生的调查[J].教育研究,2021(6):100—111.

[2] 阎琨,吴菡."强基计划"实施的动因、优势、挑战及政策优化研究[J].江苏高教,2021(3):59—67.

度分别回收问卷1680份和1930份,占当年度本科新生录取数的比例均达到半数以上。为了从学校活动经历、家庭教养方式和个体学业能力三个方面考察本科新生专业兴趣的影响因素,本文剔除了高考成绩缺失等的无效样本,港澳台学生、艺术特长生、保送生、专项计划生(含国家专项、地方专项和高校专项)的样本[①],以及未招收强基生的院系样本后,最终纳入分析的新生样本共计1417份。其中,2021级样本学生所占比例为54.5%,强基生所占比例达到62.1%。

通过与该校两个年度各院系本科新生结构对比可以发现,样本学生在性别、家庭背景等变量上均具有较好的代表性。学生的基本特征如表5-1所示,总样本中的男生、独生子女、城市户口、来自重点高中的学生占比分别为73.5%、74.9%、90.0%、95.6%,其中强基生的相应比例为77.2%、76.5%、91.6%和95.9%;父母至少一方是党员、父母至少一方上过大学、家庭年收入在30万元以上、父亲为管理人员和专业技术人员的学生比例为58.8%、78.3%、19.6%和73.9%,其中强基生的相应比例达到60.3%、78.7%、21.3%和75.6%。

表5-1 样本学生的基本特征

变量	类型	总体样本中的比例	强基生中的相应比例	统招生中的相应比例
性别	女	26.5%	22.8%	32.6%
	男	73.5%	77.2%	67.4%
是否独生	非独生	25.1%	23.5%	27.6%
	独生	74.9%	76.5%	72.4%

[①] 港澳台学生、艺术特长生、保送生、专项计划生等均是相对特殊的学生群体,与"强基计划"招生群体的特质存在较大差异,为了保障强基生和非强基学生的可比性,本文暂不将这些群体纳入考察范围,最后仅保留通过高考统招和"强基计划"录取的本科新生。

(续表)

变量	类型	总体样本中的比例	强基生中的相应比例	统招生中的相应比例
户口类型	农村	10.0%	8.4%	12.5%
	城市	90.0%	91.6%	87.5%
高中类型	普通高中	4.4%	4.1%	4.8%
	县级或地级市重点高中	15.1%	12.4%	19.6%
	全国或省(直辖市)重点高中	80.5%	83.5%	75.6%
父母党员身份	均不是党员	41.2%	39.7%	43.8%
	至少一方是党员	58.8%	60.3%	56.2%
父母受教育程度	均未上过大学	21.7%	21.3%	22.5%
	至少有一方上过大学	78.3%	78.7%	77.5%
家庭年收入	10万元以下	33.0%	29.9%	38.2%
	10—30万元	47.4%	48.8%	45.3%
	30万元以上	19.6%	21.3%	16.5%
父亲职业	无业	4.5%	4.0%	5.4%
	工人农民及其他职业	7.6%	7.1%	8.6%
	技辅、服务、个体户等	14.0%	13.3%	15.3%
	专业技术人员和管理人员	73.9%	75.6%	70.7%

样本学生的学校活动参与比例和家庭教养方式情况如表5-2所示。大学新生中参加过学科竞赛、大学组织的相关活动、高中生涯教育和社会实践调查的比例分别为79.6%、66.0%、60.2%和50.0%,高于参加大学先修课、科技创新发明的学生比例。其中,强基生在学科竞赛、大学组织的相关活动、高中生涯教育方面的参与比例分别达到84.9%、72.2%和59.4%,远高于参加其他活动的比例。总体样本的家庭教养方式均值为3.23,其中强基生的均值为3.25,表明样本学生的家庭教养方式具备一定的"情理交融"特点。

表 5-2　样本学生的学校活动参加比例和家庭教养方式均值

	总体样本	其中:强基生	其中:统招生
学科竞赛	79.6%	84.9%	71.0%
大学先修课	15.9%	17.8%	12.7%
科技创新发明	5.6%	6.7%	3.7%
社会实践调查	50.0%	48.9%	52.0%
高中生涯教育	60.2%	59.4%	61.5%
大学组织的相关活动	66.0%	72.2%	55.9%
家庭教养方式	3.23	3.25	3.21

注:家庭教养方式指未标准化的均值,取值1—4。

（二）分析方法

为了探究高中阶段哪些经历影响着本科新生刚入学时的专业兴趣,本章首先构建了如下的有序逻辑斯特回归模型:

$$\text{logit}(Y_i) = \beta_0 + \beta_1 * E_i + \beta_2 * F_i + \beta_3 * S_i + \beta_4 * X_i + \eta + \gamma + u + \varepsilon_i \quad (1)$$

在方程(1)中,因变量 Y_i 代表本科新生对即将学习专业的兴趣程度,取值1—3(1表示"不感兴趣",2表示"比较感兴趣",3表示"非常感兴趣")。[①] 核心自变量有三类:第一类是学校活动经历 E_i,包括学科竞赛(未参与=0,参与=1)、大学先修课(未参与=0,参与=1)、科创发明(未参与=0,参与=1)、社会实践调查(未参与=0,参与=1)、生涯教育(未参与=0,参与=1)和大学组织的相关活动(未参

[①] 注:大学新生的专业兴趣用五点式李克特量表测量,其中1表示"完全不感兴趣",2表示"比较不感兴趣",3表示"不确定",4表示"比较感兴趣",5表示"非常感兴趣"。根据描述统计结果,本章分析时将前三项进行了合并处理。

与＝0，参与＝1）。第二类是家庭教养方式F_i，由"我和父母之间有亲密、温暖信任的关系""父母经常和我讨论有关学校或学习的相关事宜""我和父母经常说话沟通""我父母会理智客观地制定我在家里的行为准则""父母经常和老师沟通我在学校的表现"这5个题项进行测评。每个题项采用李克特四点量表，其中最低值表示"很不符合"，最高值表示"很符合"；五道题项的Cronbach's α值为0.815，KMO值为0.789，表明该量表有良好的信效度。本章将五个题项加总求均值后进行标准化，并根据已有文献和长期研究探索将其定义为"情理交融式"家庭教养方式。第三类是高考成绩S_i，作为学生学业能力的代理变量，考察其与强基生专业兴趣之间的联系。

同时，为了控制学生背景因素对未来学习专业兴趣的可能影响，方程中加入了一系列控制变量X_i，包括学生i的个体特质，如性别（女＝0，男＝1）、是否独生子女（非独生子女＝0，独生子女＝1）、户口类型（农村＝0，城镇＝1）；高中类型（普通高中＝1，县级或地级市重点/示范高中＝2，全国或省（直辖市）重点/示范高中＝3），文中以普通高中为基准组建立两个虚拟变量；家庭社会经济背景，如父母受教育程度（父母均未上过大学＝0，父母至少有一方上过大学＝1）、父母政治身份（父母均不是党员＝0，父母至少一方是党员＝1）、家庭全年总收入（10万以下＝1，10—30万＝2，30万以上＝3，以10万元以下为基准组建立两个虚拟变量），以及父亲职业（无业＝1，工人农民及其他职业＝2，技辅、服务、个体户等＝3，专业技术人员和管理人员＝4，以无业为基准组建立三个虚拟变量）。为了避免不同省份学生考试成绩差异带来的影响，方程中加入了省份固定效应γ；为了保证比较的是同一学科领域、同一年度的大学新生，加入了院系固定效应η和年份固定效应u；ε_i为随机误差项。

2020年出台的"强基计划"的重要目标之一就是选拔那些对基础学科具有浓厚兴趣的生源，为了考察哪些因素影响着强基新生的专业兴趣，本章进一步运用方程(1),分不同招生方式的学生样本来比较这些学生专业兴趣影响因素的差异。

在上述研究的基础上,为了深入探讨哪类学生更有可能获得相关高中经历(即对专业兴趣产生影响的那些经历)的机会,本章进而建立计量回归模型(2),重点考察来自不同高中和家庭背景的学生在获得这些经历机会上可能存在的差异。

$$Y_i = \beta_0 + \beta_1 * H_i + \beta_2 * PE_i + \beta_3 * PS_i + \beta_4 * PI_i + \beta_5 * PO_i + \beta_6 * X_i + \gamma + \varepsilon_i \tag{2}$$

在方程(2)中,因变量 Y_i 分别为对大学新生专业兴趣产生影响的各类经历;当 Y_i 为二分变量时采用二元逻辑斯特回归方程,当 Y_i 为连续变量时采用一般线性回归方程。H_i 代表学生的高中类型,PE_i 代表父母最高学历,PS_i 代表父母政治身份,PI_i 代表家庭年收入,PO_i 代表父亲职业,控制变量 X_i 表示学生的个体特征变量(如性别、户口、是否独生子女)。方程中同时加入了年份固定效应 γ。

四、分析结果

(一)强基生对即将学习的专业是否感兴趣

根据本科新生的自我反馈,强基生对即将学习专业的兴趣程度自评值为2.29,处于"比较感兴趣"和"非常感兴趣"之间,但低于统招生的自评均值(2.40)。同时,强基生中表示对即将学习的专业感兴趣的学生比例合计达到93.6%,低于统招生中对即将学习专业感兴趣的学生比例(98.1%)。如表5-3所示。

表 5-3 调查学生对即将学习专业的兴趣程度

	专业兴趣的自评均值	占调查学生数的比例		
		不感兴趣	比较感兴趣	非常感兴趣
强基生	2.29	6.4%	58.8%	34.8%
统招生	2.40	1.9%	56.1%	42.0%

表 5-4 则运用回归模型考察了同一院系内强基生和统招生的专业兴趣程度差异。第 2 列结果表示：强基生对即将学习专业的兴趣显著低于同年级同院系统招生的专业兴趣；第 3 列加入个体特征、家庭背景等控制变量后，与同年级同院系统招生相比，强基生的专业兴趣依然显著更低。上述结果表明，试点高校的强基生对即将学习的专业具有浓厚的兴趣；不过相比于同年级同院系的统招生，强基生的专业兴趣程度显著偏低。

表 5-4 不同录取方式学生的专业兴趣差异

	模型(1)	模型(2)
强基生 [统招生]	−0.281** (0.120)	−0.253** (0.147)
其他变量		控制
省份固定效应		控制
院系固定效应	控制	控制
年份固定效应	控制	控制
样本量	1417	1417
Pseudo R^2	0.049	0.066

注：*** $p<0.01$，** $p<0.05$，* $p<0.1$；[ ]为参照组，( )中的数字为标准误；其他变量包括性别、独生子女、户口、高中类型、父母受教育程度和政治身份、家庭年收入、父亲职业、高考成绩；共线性检验显示，各模型中的自变量之间不存在共线性。

（二）影响大学新生专业兴趣程度的因素

为了考察高中阶段哪些因素能够对本科新生的专业兴趣产生影响,表5-5运用有序逻辑斯特回归模型,分析了高中活动经历、家庭教养方式和高考成绩对这些学生专业兴趣的影响差异。第2列控制各类固定效应后的结果表明,在不考虑学生背景特征的情况下,同一院系的本科新生中,那些高中参加过社会实践调查、生涯教育活动的学生,对即将学习的大学专业显著更感兴趣;家庭教养方式显著正向影响大学新生的专业兴趣,即家庭教养方式具有情理交融特点的学生具有更高的专业兴趣;然而高考成绩、学科竞赛等对学生专业兴趣的影响不显著。第3列在第2列基础上进一步加入了学生的背景变量,可以发现,相比第2列,在控制学生背景特征后,社会实践调查、生涯教育和家庭教养方式对这些本科新生专业兴趣的影响依然正向显著。

表5-5 不同因素对本科新生专业兴趣的影响差异

	模型(1)	模型(2)
学科竞赛 ［未参加］	0.140 (0.185)	0.144 (0.187)
大学先修课 ［未参加］	0.007 (0.171)	−0.012 (0.171)
科技创新发明 ［未参加］	−0.064 (0.279)	−0.049 (0.279)
社会实践调查 ［未参加］	0.312** (0.133)	0.321** (0.133)
高中生涯教育 ［未参加］	0.318** (0.156)	0.323** (0.138)

(续表)

	模型(1)	模型(2)
大学组织的相关活动 ［未参加］	0.035 (0.137)	0.043 (0.138)
家庭教养方式	0.284*** (0.067)	0.294*** (0.069)
高考成绩	0.002 (0.002)	0.002 (0.002)
其他变量		控制
省份固定效应	控制	控制
院系固定效应	控制	控制
年份固定效应	控制	控制
样本量	1417	1417
Pseudo R^2	0.081	0.085

注：(1) *** $p<0.01$，** $p<0.05$，* $p<0.1$；(2)［］为参照组，( )中的数字为标准误；(3)其他变量包括性别、独生子女、户口、高中类型、父母受教育程度和政治身份、家庭年收入和父亲职业；(4)共线性检验显示，各模型中的自变量之间不存在共线性。

（三）不同录取方式新生的影响因素是否存在差异

为了进一步考察哪些类型的高中经历能够对强基新生这一群体的专业兴趣产生影响，表5-6分别运用强基生和统招生的调查样本，具体分析上述因素对这两类学生群体专业兴趣的影响差异。第2列和第3列对强基生样本的回归结果表明，无论是否控制学生的背景变量，社会实践调查、生涯教育、家庭教养方式均显著正向影响着强基生的专业兴趣，表明同一院系的强基生中，那些高中参加了社会实践调查、生涯教育活动，以及教养方式更具情理交融特点的学生，更可能对即将学习的大学专业持有浓厚兴趣,与全样本的回归结果一致。

表5-6 高中经历对不同录取方式学生专业兴趣的影响差异

	强基生		统招生	
	模型(1)	模型(2)	模型(3)	模型(4)
学科竞赛 [未参加]	0.165 (0.236)	0.173 (0.236)	0.087 (0.233)	0.159 (0.237)
大学先修课 [未参加]	0.018 (0.196)	0.009 (0.196)	0.061 (0.291)	0.038 (0.296)
科技创新发明 [未参加]	0.236 (0.305)	0.304 (0.306)	−0.916 (0.503)	−0.841 (0.506)
社会实践调查 [未参加]	0.297** (0.153)	0.330** (0.154)	0.475** (0.191)	0.498* (0.194)
高中生涯教育 [未参加]	0.369** (0.156)	0.384** (0.156)	0.248 (0.187)	0.322 (0.187)
大学组织的相关活动 [未参加]	0.002 (0.165)	0.032 (0.165)	0.252 (0.190)	0.312 (0.194)
家庭教养方式	0.348*** (0.075)	0.321*** (0.077)	0.218* (0.094)	0.252* (0.099)
高考成绩	0.0003 (0.002)	0.0003 (0.002)	0.010* (0.003)	0.009* (0.003)
其他变量		控制		控制
省份固定效应	控制	控制	控制	控制
院系固定效应	控制	控制	控制	控制
年份固定效应	控制	控制	控制	控制
样本量	880	880	537	537
Pseudo R^2	0.116	0.118	0.130	0.144

注:(1)*** $p<0.01$,** $p<0.05$,* $p<0.1$;(2)[ ]为参照组,( )中的数字为标准误;(3)其他变量包括性别、独生子女、户口、高中类型、父母受教育程度和政治身份、家庭年收入和父亲职业;(4)共线性检验显示,各模型中的自变量之间不存在共线性。

第 4 列和第 5 列则分析了不同高中经历对统招生专业兴趣的影响差异,结果显示:无论是否控制学生的背景变量,社会实践调查和家庭教养方式均对同一院系招生的专业兴趣程度存在显著正向影响。高考成绩越高的统招生对专业的兴趣程度显著更高,生涯教育与他们的专业兴趣则没有显著关联。这可能是由于相比于"强基计划"考前填报志愿且仅能选择一所试点高校的相关专业,在统一高考和平行志愿录取的制度下,统招考生主要依据学业实力(高考成绩及其相对排名)、专业兴趣等因素填报意愿的大学和专业。高考分数越高的考生,越有可能被自身喜欢的专业所录取,由此可能带来高考成绩对统招生专业兴趣的影响作用更大,而高中生涯教育的影响相对不显著。

五、结论建议

(一)结论讨论

本章一方面分析了强基生的专业兴趣程度,发现试点高校的强基生对即将学习的专业具有浓厚的兴趣;不过相比于同年级同院系的统招生,强基生的专业兴趣程度显著偏低。另一方面考察了学校活动参与、家庭教养方式、个体学业能力对大学新生(尤其是强基生)专业兴趣的影响效应,以及何种背景的学生更可能在高中阶段获得相应经历,主要结论如下。

第一,社会实践调查对大学新生的专业兴趣具有显著的正向预测作用。社会实践调查通常能够打破学科界限,促使学生自主探索并实现与家庭、学校、社区的互动,在亲身经历中提高问题解决能力、研究能力等。2001 年教育部颁布的《基础教育课程改革纲要(试行)》规定从小学到高中设置综合实践活动并作为必修课程;2017年《中小学综合实践活动课程指导纲要》进一步明确了各个阶段综合实践的目标、内容、活动形式及保障措施等。在国家统一设计、地方监督实施下,一些高中组织了考察探究、社会服务、职业体验等不同形式的社会实践活动。在调查中,半数以上学生曾在高中参加过社会实践调查,这些活动增强了他们结合自身兴趣和学科专长进行实践探索、生涯规划和职业选择的能力,促使他们更加明晰个人选择和发展需求,从而能够基于专业偏好和未来规划选择大学专业。

第二,高中生涯教育是影响大学新生(尤其是强基生)对所选专业兴趣程度的一个重要因素。2014年我国启动的新高考改革增加了学生的自主选择权,使得高中生的自我探索和对未来的思考决策前置;这要求学生在高中阶段就要对自己的兴趣特长有较清楚的认识和理解,并且要有规划自己未来学业、职业的意识。[1] 为了适应新高考改革的要求,国内一些高中开展了相应的生涯教育活动,包括自我探索、职业探索、升学探索、生涯管理等内容。这些生涯规划和探索活动,能够引导学生探索个人的兴趣特长与能力,了解体验不同的职业,更加自主地思考未来发展方向,以及明晰个人价值观、树立自信心、有效进行情绪管理等,从而"帮助学生构建理性、可行且适配的专业学习和职业生涯发展图景",使学生做出更加适配的专业选择。本章实证结果即体现了参与生涯教育活动对于大学新生选择自身感兴趣专业的重要影响。同时正如前文所述,生涯教育对强基生专业兴趣的影响尤为明显,可能是由于"强基计划"致力于招收对基础学科专业感兴趣和有学术志向的拔尖生源,淡化了招生选才的功利色彩,要求报考学生能够在对自身能力、专

---

[1] 董秀颖. 新高考背景下普通高中职业生涯规划教育研究——以广州市真光中学为例[D]. 桂林:广西师范大学,2018.

业兴趣、未来规划进行充分了解和综合考虑的基础上做出适切决策。那些通过生涯教育课程和活动，在职业规划、兴趣特长等方面进行了初步探索的强基生，更倾向于在志愿填报时考虑大学专业与个人兴趣的匹配度，报考基础学科的意愿和动机可能更强。

第三，家庭情理交融的教养方式，能够显著提高大学新生对即将学习专业的兴趣程度。家庭在亲子讨论、行为管束、学业支持（如辅导功课和答疑）、家校合作等方面的积极教养活动，对于高中毕业生选择自身感兴趣的专业具有重要影响，这可能是因为：首先，具有情理交融教养特点的家长与子女之间的沟通方式较为开放、平等，他们更重视和鼓励子女个人意见的表达，通过互动交流、关心陪伴、信任支持等行为回应和满足子女的特定需要；在这种家庭氛围成长的学生，通常具有良好的自我效能感、自我意识和自主选择能力等。因此，填报志愿时，在父母的尊重、信任与支持态度下，这些学生更有可能结合学科优势、兴趣特长和职业规划等进行自我决策。其次，对子女养育持有情理交融态度和行为的家长，往往更为重视培养学生的兴趣爱好和特长发展；同时在与子女的频繁互动、陪伴共处过程中，更加容易了解他们的兴趣倾向与发展状况。这些家庭一方面通过提供竞赛辅导、兴趣培训、社会实践机会等多种方式，增强高中生在相应领域的兴趣、优势，提高他们的升学竞争力；另一方面借助升学咨询机构等途径，帮助学生探索自我和规划未来发展，助推他们在选择大学专业时进行合理决策。其三，相关研究表明了就高等教育兴趣和升学需求的觉醒、信息的收集而言，非经济性成本和风险的影响力超过经济成本的作用。在高中生升学选择和决策过程中，教养方式具有情理交融特点的家长往往主动地与学校教师交流子女的学习生活情况和高考相关政策信息，同时利用相关经历、社会网络资源等搜集相关的升学信息，向子女提供各种建议和必要支持，帮助他们明确自身专业意愿以及确定报考方向等，从而有助于他们选择感兴趣的学科专业。

（二）相关建议

本章的研究发现对于未来高中阶段教育改革具有重要的政策意义，同时在"强基计划"政策实施背景下对于基础学科拔尖人才的贯通式培养也尤具参考价值。基于上述结论提出如下建议。

一是高中学校应重视并积极组织社会实践调查和生涯教育活动。为了促进学生明晰认识专业兴趣以及未来职业方向等，一方面在国家和地方政策指导下，高中应整体设计并精心组织综合社会实践活动，积极鼓励和提供条件支持高中生利用自身兴趣和学科优势，选择活动主题、发掘现实问题，体验课题研究和服务实践的过程，促使其从中发现个人兴趣专长与培养职业志趣。另一方面，鉴于生涯教育对学生发展（尤其是提升强基学生入学初始时专业兴趣）的影响价值，高中特别是普通高中、县级或地级市重点高中可以通过组织系统化、专业化、针对性的生涯教育活动（如树立学术榜样人物来引领学生的科学精神形成），引导高中生了解兴趣特长、探索体验学术职业、有效进行生涯管理；帮助高中生更加充分地了解学科专业特点及其发展前景等，提高他们（尤其是那些对基础学科感兴趣的学生）对大学相关学科专业的认知度。

二是高校应注重加强与高中的人才贯通式培养，为高中生提供更多资源支持。大学一方面可以借助招生宣讲、学科讲座等多种渠道，积极向高中生及其家长宣传各项招生政策的理念价值，使他们获得关于相关学科专业的正确认知，鼓励他们报考感兴趣的学科专业；同时，主动向那些对基础学科持有兴趣的优秀拔尖学生宣传"强基计划"的定位和优势，提高这些学生对新政策的"信任度"和接受度，吸引他们报考基础学科专业进而提升强基新生的专业兴趣程度。另一方面主动与高中学校开展交流合作，通过大学校园开放日、师资交流与培训、组织高中生参与大学科研(如开展科学活动节、学术性研学活动)等不同形式,积极为高中生提供不同学科知识学习的资源和更多科学探索的实践活动机会,激发青少年的科学探索精神及投身科学探索的志趣。

三是家庭应积极尝试通过情理交融的教养方式来促进子女探索与发展兴趣。注重与子女沟通交流、尊重子女、强调生活与教育活动参与的家庭教养方式,显著正向影响大学新生的专业兴趣。这启示我们,相比于那些短时期内难以改变的家庭条件,家长(尤其是处于经济文化弱势地位的家长)可以尝试通过鼓励、尊重、支持、互动式的教养过程,营造温暖信任的家庭氛围来促进高中生的良好发展,帮助他们明晰发展志向和兴趣专长,以更为理性的态度选择大学专业。

但同时值得注意的是,国内外关于兴趣的研究表明了青少年的兴趣是不断变化的,学生进入大学后,一旦被给予更多的时间和机会深入了解各个专业,其专业兴趣较入学前就很可能发生较大变化。[①] 这意味着与高中通过各种活动提升学生对相应学科的兴趣,以及大学筛选对专业感兴趣的生源相比,大学阶段专门化的培养过程同等重要甚至更为重要。基于此,本章认为高校(尤其是"强基计划"试点高校)及其院系应更加注重保护和激发已被录取生源的专业兴趣与探究热情,为学生的自主学习与研究创造提供各种保障条件,引导他们更好地适应大学学习生活并增强其专业认同感。对于强基生来说,院系还应在培养过程中重视培养和提升他们的学术使命感。

---

① 朱红,郭胜军,彭程.理科大学生职业志趣的实证分析[J].北京大学教育评论,2016,20(4):155—174.

第六章 "强基计划"学生的规划清晰程度

一、研究问题提出

根据政策文本,"强基计划"希望招收的是具备天赋潜质、专业兴趣、学术志趣、创新能力、社会责任感以及明晰志向等素养的优秀生源。鉴于试点高校均为国内顶尖院校,为了避免学生出于功利性目的报考,"强基计划"规定录取的学生原则上在本科期间不能转专业,再加上基础学科的人才培养周期相对较长,一般至少获得研究生学位才能胜任专业相关的基础工作,因此需要学习者有坚定的学习态度、相对清晰的未来职业规划等。这就不仅要求考生在剥离了"跳板"因素后,依据自己的真实兴趣和专业志向进行志愿选择;同时更需要学生"从基础教育阶段即对未来发展有明确定位和规划,并且能够抱定志向扎入某一基础学科领域深耕"[1]。

高中阶段是青少年(无论积极或被动地)做出与高等教育计划直接相关(如辍学或继续高等教育,上多少数学和科学课程)决定的重要时期[2],同时也是个体进

---

[1] 阎琨. 以教育的初心面对"强基计划"[EB/OL]. (2020-06-15)[2021-07-15]. https://baijiahao.baidu.com/s?id=1702580030009547326&wfr=spider&for=pc.

[2] Seligman L. Developmental Career Counseling and Assessment [M]. 2nd ed. Thousand Oaks, CA: Sage, 1984.

行生涯探索的关键阶段或生涯发展的尝试期。① 他们通过学校学习积累知识、提高能力,认识个人兴趣,尝试探索了解社会和职业,并结合自身情况考虑未来人生发展问题等②,这一阶段思考和探索的结果对高中生未来的志愿选择和职业规划产生着重要影响。为了有意识地引导高中生的大学和职业准备,帮助他们了解和体验职业决策过程,西方国家自 20 世纪 70 年代开始即提出生涯教育的理念,并尝试将其融入高中课程与教学。③ 我国 2014 年开始试点实施新高考改革后,更加精细化的专业组合选择和志愿填报模式使青少年的自我探索和对未来的思考决策前置,要求学生从高中开始就要对自己的学业、职业生涯有所规划。④⑤ 随着新高考改革的逐步推进,高中学校及教师对生涯教育的认识不断加深,一些中学陆续开设了生涯教育课程、探索体验式生涯主题活动等。

那么,高中生涯教育的开展是否带来了良好的教育收益,即能否对学生明晰个人规划产生积极影响值得关注。进一步地,在"强基计划"政策实施的背景下,那些被"强基计划"录取的学生对未来规划的清晰程度到底如何? 高中参加过生涯教育的强基生对未来的规划是否更为清晰明确? 这些问题的回答,不仅帮助我们侧面了解高中生涯教育实施和强基生未来规划的现实情况,也有利于我们更为客观地认识生涯教育对"强基计划"人才选拔和培养发挥的重大价值。基于此,本部分使用一所"强基计划"试点高校 2020 级和 2021 级本科新生的调查数据,建立

---

① Ginzberg E. Toward a Theory of Occupational Choice: A Restatement [J]. Vocational Guidance Quarterly, 1972(20):2—9.
② 李颖,高春娣. 基于生涯发展理论的大学新生教育对策研究[J]. 黑龙江高教研究,2017(6):147—149.
③ Fazekas A, Warren C. Building a Pathway to the Future: Maximizing High School Guidance and Advisory Support [J]. Retrieved February, 2010(10):2016.
④ 靳葛. 生涯教育影响下的专业志愿选择与职业决策[J]. 江苏高教,2020(10):106—110.
⑤ 顾雪英,魏善春. 新高考背景下普通高中生涯教育:现实意义、价值诉求与体系建构[J]. 江苏高教,2019(6):44—50.

有序逻辑斯特回归模型,以被高考统招录取的本科新生为参照群体,考察强基生的未来规划清晰程度,以及高中生涯教育对这类群体规划清晰程度的影响关系,以期为未来高校的"强基计划"人才选拔培养和高中生涯教育的改革完善提供实证依据。

二、相关文献综述

(一)大一学生对未来规划的清晰程度

大学阶段是青年学生世界观、人生观形成的重要时期,也是个体探索和实践未来发展道路的关键阶段。那些对未来进行思考和规划的大学生,能够积极主动地搜集多方面信息,并为将来的发展持续地投入时间和精力,从而可能更加顺畅地适应大学生活和应对未来挑战,做出有意义的决策[1][2][3],毕业后也更可能从事与自己所学专业一致的工作且较少失业,成功地实现从学校学习到工作的过渡。[4]

然而,大学发展是一个动态变化的过程,本科四年对大学生的学业发展和人

---

[1] 蔡映辉. 我国不同社会阶层大一学生未来目标差异研究[J]. 国家教育行政学院学报,2009(6):71—78.

[2] 张文新,徐夫真,张玲玲,等. 大学生对个人未来的规划和态度及其与抑郁的关系[J]. 心理科学,2009,32(4):824—827.

[3] Nurmi J E. How do Adolescents See Their Future? A Review of the Development of Future Orientation and Planning [J]. Development Review, 1991,11(1):1-59.

[4] Nurmi J E, Salmela-Aro K, Koivisto P. Goal Importance and Related Achievement Beliefs and Emotions during the Transition from Vocational School to Work: Antecedents and Consequences [J]. Journal of Vocational Behavior, 2002,60(2):241-261.

格养成并非等量齐观，价值同一，其中有些阶段是极为关键、举足轻重的。[1][2] 多数研究发现，大学第一年是大学生发展最为关键的一年[3][4]，学生离开高中进入到一所完全不同的学校，其经历不仅对学生的学术和智力发展至关重要，也会对他们的情感、社会性、身心健康等发挥关键作用。[5][6] 因此，大一可能在很多方面决定了学生的未来[7][8]，如果学生在大一阶段对未来目标具备了一定的认识和规划，则更可能主动地调适个人的学习和生活方式，积极探索专业兴趣、树立学业目标和职业路径，并为之而不断努力。[9][10]

近些年来，关于大一学生在大学生活及未来规划方面的清晰程度，学者们开展了多方面研究。一些学者调查发现，大一学生对未来缺乏合理规划的现象普遍

---

[1] 龚放.大一和大四:影响本科教学质量的两个关键阶段[J].中国大学教学,2010(6):17—20.
[2] 杨钋,毛丹."适应"大学新生发展的关键词——基于首都高校学生发展调查的实证分析[J].中国高教研究,2013(3):16-24.
[3] Brinkworth R, McCann B, Matthews C, et al. First Year Expectations and Experiences: Student and Teacher Perspectives [J]. Higher Education, 2009,58(2):157-173.
[4] Arends D, Petersen N F. The Role of First-year Experience Excursion in Promoting Social Integration at University: Student Teachers' Views [J]. South African Journal of Childhood Education, 2018,8(1):e1-e9.
[5] Bowman N A. The Development of Psychological Well-being among First-year College Students [J]. Journal of College Student Development, 2010,51(2):180-200.
[6] Padgett R D. The Effects of the First Year of College on Undergraduates' Development of Altruistic and Socially Responsible Behavior [D]. University of Iowa Research Online, 2011.
[7] Upcraft M, Gardner J, Barefoot B. Challenge and Support: Creating Climates for First-year Student Success [M]. San Francisco, CA: John Wiley and Sons Inc. Jossy-Bass Publisher, 2005.
[8] Arends D, Petersen N F. The Role of First-year Experience Excursion in Promoting Social Integration at University: Student Teachers' Views [J]. South African Journal of Childhood Education, 2018,8(1):e1-e9.
[9] 杜玉春.大一新生入学适应相关问题探析[J].思想教育研究,2009(12):177—180.
[10] Hughey K F, Hughey J K. Preparing Students for the Future: Making Career Development a Priority [J]. Journal of Career Development, 1999,25(3):203-216.

存在。例如,李颖等人对北京 5 所高校初入学的大一学生调查指出,39.6%的学生表示还没有考虑或没有确定大学的生活和学习目标,42.7%的学生认为自己目标缺失,感觉比较迷茫;①张晓京等人对某"双一流"高校大一学生入学三个月后的调查发现,接近 1/4 的家庭经济困难学生还没有清晰的大学规划和认识规划,这一占比几乎达到了其他学生的 2 倍,体现出人生目标感的缺失;②郑晓宁等人在第一学期结束后对一所高校大一学生抽样调查发现,在大类招生与培养背景下,约三成学生不清楚大学生活学习的目标,对专业选择没有想法的学生比例也达到 34%。③

另一些学者则从不同年级大学生的比较入手,分析指出相比于高年级学生,大一学生对个人未来规划的清晰程度偏低。如沈伟晔调查指出大一到大四的学生中,没有明确未来规划的学生比例由 40%降低到 29%;④潘柏等人对江苏八所独立学院不同年级学生的调查指出,大一学生中有 17.8%尚未明确毕业后规划,大四学生的这一比例仅为 5.7%;⑤2017 年青羚公益基金发布的《中国大学生成长白皮书》同样揭示出 95.7%的调查学生对未来存在迷茫和困惑,其中大一和大四学生更为明显;⑥张文新等人则进一步分析认为大一新生处于对未来主要发展领

---

① 李颖,高春娣.基于生涯发展理论的大学新生教育对策研究[J].黑龙江高教研究,2017(6):147—149.
② 张晓京,张作宾,刘广昕.家庭经济困难学生大学入学适应研究——基于某"双一流"建设高校大一新生的调查[J].中国高教研究,2020(8):72—77.
③ 郑晓宁,高静,刘淼淼.大类招生与培养背景下大学新生适应问题探析[J].学校党建与思想教育,2018(7):70—72.
④ 沈伟晔.论差异化竞争策略在大学生职业生涯规划中的应用[J].中国青年研究,2014(12):94—114.
⑤ 潘柏,邵进.独立学院大学生学习情况调查及对策研究——基于江苏省八所独立学院的实证分析[J].江苏高教,2019(7):86—90.
⑥ 中国教育在线.调查:九成以上大学生存在迷茫和困惑[EB/OL].(2017-03-10)[2021-03-14]. https://gaokao.eol.cn/news/201703/t20170314_1497380.shtml.

域进行规划的过渡阶段,随着对大学生活的适应,高年级学生对未来各领域的探索水平和规划意识逐步提高。①

(二)高中生涯教育与学生的未来规划

学者们通过理论探讨、调研分析、经验总结等不同方式,考察了高中阶段生涯教育的实施对高中生或大学新生未来规划认知的影响。一类学者重点讨论了高中生涯教育对学生规划认知的重要价值。一些研究认为高中生涯教育促使学生更好地了解大学、专业及行业,从而有助于他们积极思考未来并设定发展目标。如朱凌云等人指出中学阶段开展生涯教育可以帮助学生充分了解大学专业与职业世界,引导学生在学校学习与未来大学专业选择、职业世界之间建立更深切的联系,更加自主地思考和认识未来;②③从而主动确立自我发展目标,对自己将来可能从事的职业进行预期安排,并制订有效的学习计划和发展规划,为未来生活作好充足准备。④⑤ 还有一些研究表明高中生涯教育能够增强学生生涯规划的意识和能力,进而利于提高他们对未来规划的清晰程度。如靳葛等人指出高中生涯教育通常涵盖学业规划、职业规划及人生规划等领域,能够促进学生探索自我、形

---

① 张文新,徐夫真,张玲玲,等.大学生对个人未来的规划和态度及其与抑郁的关系[J].心理科学,2009,32(4):824—827.
② 朱凌云.新西兰中小学生涯教育的特点与启示[J].外国教育研究,2013(8):20—26.
③ 张文杰,哈巍,朱红.新高考背景下不同阶层学生入学机会变化及学校生涯教育的补偿效应探究[J].教育发展研究,2020(13—14):57—66.
④ 顾雪英,魏善春.新高考背景下普通高中生涯教育:现实意义、价值诉求与体系建构[J].江苏高教,2019(6):44—50.
⑤ 丁露.高中阶段生涯辅导活动课程开发研究[D].天津:天津师范大学,2013.

成生涯意识,激发内在学习动机,增强人生规划能力和适应社会能力等。[1][2][3][5]高中阶段缺乏一定的生涯教育和指导经历,可能会以许多不同但相互关联的方式影响高中毕业生的职业选择和规划能力。[6]

另一类学者则对高中生涯教育影响学生规划的效果进行了评估。一些分析表明高中生涯教育帮助学生明确了个人的发展目标。例如,彭(Peng)通过实证分析认为生涯规划课程对大学生的职业发展规划具有显著影响;[7]温亚等人指出中学通过多元化的生涯规划教育(如将升学机会及事业选择联系,提供个人规划辅导及其他服务等),协助学生寻找到适合自己的人生方向,促进他们在寻找和分析信息、确立未来发展目标等方面的软技能发展,并使个人在专业领域中更具竞争力。[8][9] 另一些调查则指出高中生涯教育提高了学生的生涯决策意识和能力,进而帮助他们明晰职业规划和人生目标。如泰勒(Tayor)等人研究认为低自我效能感的学生更可能缺乏职业和人生规划,且对他们自身完成决策任务的能力

---

[1] 靳葛.生涯教育影响下的专业志愿选择与职业决策[J].江苏高教,2020(10):106—110.
[2] 顾雪英,魏善春.新高考背景下普通高中生涯教育:现实意义、价值诉求与体系建构[J].江苏高教,2019(6):44—50.
[3] 樊丽芳,乔志宏.新高考改革倒逼高中强化生涯教育[J].中国教育学刊,2017(3):67—78.
[4] 何珊云,吴玥,陈奕喆.为了更好的工作还是更好的生活——美国前100名高中生涯教育实践的比较研究[J].比较教育研究,2021(6):65—73.
[5] Blustein D L. A Context-rich Perspective of Career-exploration across the Life Roles [J]. Career Development Quarterly, 1997(45):260-274.
[6] Natal' ya G. School Based Experiences as Contributors to Career Decision-making: Findings from a Cross-sectional Survey of High-school Students [J]. Australian Educational Researcher, 2015,42(2):179.
[7] Peng H. Comparing the Effectiveness of Two Different Career Education Courses on Career Decidedness for College Freshmen: An Exploratory Study [J]. Journal of Career Development, 2001,28(1):29-41.
[8] 温亚,顾雪英.升学就业辅导到生涯规划教育的转型[J].中国教育学刊,2019(7):49-53.
[9] 潘黎,赵颖.平衡、合作、问责和创新:21世纪以来美国中学生涯技术教育变革趋势——基于政策文本的内容分析[J].教育研究与实验,2018(5):79-83.

缺乏信心；①②迈尔斯(Miles)等人进一步发现基于社会认知职业理论的生涯干预项目对高中学习者的生涯决策自我效能感具有显著影响，这有助于学生产生职业兴趣、减少职业决策困难、确立人生目标等。③④⑤

（三）高中生涯教育与"强基计划"

自"强基计划"试点实施以来，国内一些研究讨论了高中生涯教育与"强基计划"之间的关联。如张志勇等人认为"强基计划"将高中学生的志向、兴趣、天赋作为考核选拔的重要内容，要求高中生具有较高的自我认知水平和较明晰的发展规划，站在生涯的角度理解和思考未来的发展路径与方向，因此迫切需要高中学校为学生提供一个发现自我、激发自己潜质的良性生态环境，这就倒逼高中教育者在生涯教育的深度和力度上进行突破。⑥⑦ 另一些研究则从实践角度明确提出在

---

① Taylor K M, Betz N E. Applications of Self-efficacy Theory to the Understanding and Treatment of Career Indecision [J]. Journal of Vocational Behaviour, 1983, 22: 63 - 81.
② Xie H. Sex Role, Field Independent, Career Decision-making Style, Career Self-efficacy, and Career Uncertainty [D]. Taipei: National Taiwan Normal University, 1990.
③ Buthelezi T, Alexander D, Seabi J. Adolescents' Perceived Career Challenges and Needs in a Disadvantaged Context in South African from a Social Cognitive Career Theoretical Perspective [J]. South African Journal of Higher Education, 2009(23): 505 - 520.
④ Miles J, Naidoo A V. The Impact of a Career Intervention Programme on South African Grade 11 Learners' Career Decision-making Self-efficacy [J]. South African Journal of Psychology, 2017, 47 (2): 209 - 221.
⑤ Lam M, Santos A. The Impact of a College Career Intervention Program on Career Decision Self-Efficacy, Career Indecision, and Decision-Making Difficulties [J]. Journal of Career Assessment, 2018, 26(3): 425 - 444.
⑥ 张志勇,杨玉春."强基计划"是对教育生态系统变革的深刻引领[J].中国教育学刊,2021(1):39—42.
⑦ 何淼.马向阳:支持强基计划,加强高中教育阶段生涯指导[EB/OL].(2020 - 05 - 12)[2021 - 07 - 16]. http://edu.people.com.cn/n1/2020/0512/c1053-31706266.html.

"强基计划"背景下高中应进一步加强生涯规划教育。如郑若玲等人表明为保障"强基计划"落地,高中应以生涯教育为契机,在夯实学生基础知识、提升能力与素养的同时,也在培养个人志趣方面有所突破……增加学生的体验感与使命感,使学生对大学的学科专业、社会的职业行业有一定的认知,形成初步的职业定向、个人理想等;[1]阎琨等人同样指出初高中阶段应探索开设职业生涯规划课程和个性化的"强基计划"指导,帮助学生正确认识学科内涵及自身特长和偏好,从而更好地明确自身发展意愿和理性选择未来发展道路。[2][3][4]

根据上述研究结果可推知,一些大一学生对未来人生缺乏明确规划,高中阶段的生涯教育有助于高中生探索自我兴趣、了解大学学科专业等,并可能在提高强基生个人规划清晰度等方面发挥促进作用。然而,截至目前,以往多数研究是通过理论分析或经验总结的方式讨论高中生涯教育对学生发展规划清晰程度以及"强基计划"实施的应然价值,关于高中生涯教育能否有助于提升学生(尤其是强基生)的规划清晰度,仍缺乏大规模数据的分析支持。同时,以往多数关于大一学生未来规划认知的调查在学生入学一定时期后开展,我们无法准确获知大一学生在未受到大学教育和师生影响情况下的规划认知状况,且对于强基生这一相对"特殊"群体的未来学习生活规划清晰程度也缺乏客观的认识和了解,而这是评价"强基计划"人才选拔效果和针对性地进行人才培养的一个极为重要的方面。基于此,本章借助某所国内顶尖高校两个年度的本科新生调查数据及相应的访谈资料,对如下两大问题开展研究:强基生的未来规划清晰程度如何?高中生涯教育

---

[1] 郑若玲,庞颖."强基计划"呼唤优质高中育人方式深度变革[J].中国教育学刊,2021(1):48—53.
[2] 阎琨.以教育的初心面对"强基计划"[EB/OL].(2020-06-15)[2021-07-15].https://baijiahao.baidu.com/s?id=1702580030009547326&wfr=spider&for=pc.
[3] 阎琨,吴菡."强基计划"实施的动因、优势、挑战及政策优化研究[J].江苏高教,2021(3):59—67.
[4] 何森.马向阳:支持强基计划,加强高中教育阶段生涯指导[EB/OL].(2020-05-12)[2021-07-16].http://edu.people.com.cn/n1/2020/0512/c1053-31706266.html.

是否有助于提升强基生的未来规划清晰程度?

三、分析策略

(一)变量定义

1. 被解释变量

本章使用的被解释变量是学生对未来规划的清晰程度,由低到高取值1—4,分别代表"非常不清晰""比较不清晰""比较清晰"和"非常清晰";根据描述统计结果,本章将其处理为三分类变量,1表示"不清晰",2表示"比较清晰",3表示"非常清晰"。

2. 解释变量

本章的核心解释变量有两类:第一类是本科新生的录取方式,当学生通过高考统招被录取时取值为0,当学生通过"强基计划"被录取时取值为1。第二类是学生参与高中生涯教育情况,分为两个方面:一是学生是否在高中参与过生涯教育,由"高中阶段是否参加过生涯教育课程或活动(包括认知自我、了解大学与职业等教育活动)"测量;"没有参加过"取值为0,"参加过"取值为1。二是学生参与生涯教育活动的类型。根据以往研究,高中生涯教育旨在促进学生了解探索自我、了解大学专业和职业世界,帮助学生思考、寻找、建构未来人生方向等[1],内容涵盖自

---

[1] 张文杰,哈巍,朱红.新高考背景下不同阶层学生入学机会变化及学校生涯教育的补偿效应探究——以某双一流大学为例[J].教育发展研究,2020,40(Z1):57—66.

我认知指导、社会理解指导、学业发展指导、升学指导、生涯设计指导等不同方面。[1][2][3][4] 结合这些研究,本部分将生涯教育活动主要归纳为自我探索、职业探索、升学探索和生涯管理四种类型。其中,自我探索由"了解个人兴趣/特长/能力"和"思考人生重大问题"两个题项进行测量;如果未参加过这两类活动取值为1,参加过其中一类活动取值为2,参加过两类活动则取值为3;该变量取值越高,表明学生参加自我探索类型活动的丰富程度越高;职业探索由"了解体验职业等"和"了解榜样人物"两个题项测量,取值1—3;升学探索由"大学专业介绍"和"志愿填报指导"两个题项测量,取值1—3;生涯管理由"生涯管理(如目标/时间/情绪管理)"测量,当未参加生涯管理活动时取值为0,参加过这类活动时取值为1。

3. 控制变量

控制变量主要由学生的个体特征、家庭背景、高中类型三个方面构成。学生特征变量包括性别(女=0,男=1)、户口类型(农村=0,城市=1)、是否独生子女(非独生子女=0,独生子女=1)和高考成绩(指征学生入学前的学业能力)。家庭背景变量包括父母的受教育程度(均未上过大学=0,至少一方上过大学=1);父母的党员身份(均不是党员=0,至少一方是党员=1);家庭年收入分为10万元及以下、10—30万元、30万元及以上三类,在本章中以10万元及以下为基准组建立两个虚拟变量;父亲的职业类型分为无业、技术辅助、商业和服务业人员、个体户、

---

[1] 顾雪英,魏善春.新高考背景下普通高中生涯教育:现实意义、价值诉求与体系建构[J].江苏高教,2019(6):44—50.
[2] 何珊云,吴玥,陈奕喆.为了更好的工作还是更好的生活——美国前100名高中生涯教育实践的比较研究[J].比较教育研究,2021(6):65—73.
[3] 刘华,郭兆明.生涯教育:基础教育课程改革不可或缺的支点[J].教育发展研究,2013(20):6—11.
[4] 王乃戈,王晓,严梓洛,等.生涯发展的系统理论框架及其应用评析[J].比较教育研究,2020(3):89—96+104.

私营企业主、工人农民及其他等,专业技术人员和管理人员这三类,本章中以无业为基准建立两个虚拟变量。高中类型分为普通高中、县级或地级市重点(示范)高中、全国或省(直辖市)重点(示范)高中三类,以普通高中为基准组建立两个虚拟变量。

(二) 样本特征

本章使用课题组在某"强基计划"试点高校2020年和2021年每年8—9月份开展的本科新生调查数据,旨在剥离大学教育及大学生周围环境的影响,考察高中生涯教育对新入学本科生未来规划清晰程度的实质影响效应。选取此校的原因在于,作为"强基计划"试点高校之一,该高校两年录取的强基生约占当年度全校本科新生总人数的30%,且招生专业覆盖了人文学科、理学学科以及医学学科三类[1],在招生规模和结构上均具有代表性。因此,相比其他高校,对该校学生开展调查能够系统地了解大学新生尤其是强基生的未来规划情况。调查内容包括学生背景、高考志愿与录取、大学专业发展与未来规划等维度。2020年和2021年共回收问卷1680份和1930份,占当年全校本科新生数的比例均超过半数。

鉴于本章以强基生为主要研究对象,在分析时为保障不同录取方式学生的可比性,删除艺术特长生、少数民族生、保送生、专项计划生等样本后,进一步删除不招收强基生院系的样本,仅保留统招生和强基生的有效分析样本1417份,其中强基生所占比例为62.1%(强基生样本数占该校两年"强基计划"总录取数的比例达到49.7%)。在样本学生的各项特征方面,大学新生中男生、城镇户口、独生

---

[1] 注:试点高校的文科强基专业包括历史学类、哲学类、中国语言文学类、考古学类,理科强基专业包括数学类、物理学类、化学类、生物科学类、力学类(其中力学类专业的强基生在该校被授予理学学位),由11个招生院系承担培养工作。

子女的比例分别为73.5%、90%和74.9%,其中强基生的相应比例明显高于统招新生;家庭层面,大学新生中父母至少一方上过大学、至少一方是党员、家庭年收入在10万元以上、父亲为专业技术人员和管理人员的比例分别为78.3%、58.8%、67.0%和73.8%,强基生的相应比例同样高于统招生。此外,大学新生中来自重点高中、就读理学学科的学生比例为95.6%、79.9%,强基生的相应比例高于统招生。

(三)分析方法

本章在简单描述统计基础上,以学生的未来规划清晰程度为因变量构建有序逻辑斯特回归模型(1),考察强基生和统招生在未来规划清晰程度上的差异:

$$\text{Logit}(Y_i) = \beta_0 + \beta_1 * Admit_i + \beta_2 * X_i + Year_t + \gamma + \eta + \varepsilon_i \quad (1)$$

其中,Y_i代表本科新生$_i$的未来规划清晰程度;核心自变量$Admit_i$是学生的录取方式(高考统招为参照组)。模型中纳入了一系列控制变量X_i,代表学生在个体、家庭和高中层面的特征变量。为了保障不同省份间考生高考分数的可比性,模型中加入了省份固定效应γ;为了保证比较的是同一院系学生,加入了院系固定效应η;此外,为了控制各调查年的特殊影响,进一步加入了年份固定效应$Year_t$;ε_i为随机误差项。

其次,为了考察高中是否参与生涯教育活动对强基生未来规划清晰程度具有影响效应,本部分以未来规划清晰程度作为因变量,构建有序逻辑斯特回归模型(2),并通过对强基生和统招生的分样本做比较分析,以求更客观地评价参与生涯教育活动和强基生未来规划清晰程度之间的关系。在该方程中,核心自变量S_i表示学生是否在高中参加过生涯教育活动,其他变量同方程(1)。

$$\text{Logit}(Y_i) = \beta_0 + \beta_1 * S_i + \beta_5 * X_i + Year_t + \gamma + \eta + \varepsilon_i \qquad (2)$$

进一步地,为了具体分析哪些生涯教育内容能够对强基生的未来规划清晰程度产生影响,本章构建了有序逻辑斯特回归模型(3),并分别考察不同类型生涯教育内容对两类学生群体影响的异同。在方程(3)中,核心自变量 SY_{1i}、SY_{2i}、SY_{3i}、SY_{4i} 分别代表学生是否参与自我探索类、职业探索类、生涯探索类、生涯管理类的活动内容;其他变量取值同方程(1)。

$$\text{Logit}(Y_i) = \beta_0 + \beta_1 * SY_{1i} + \beta_2 * SY_{2i} + \beta_3 * SY_{3i} + \beta_4 * SY_{4i} + \beta_5 * X_i + Year_t + \gamma + \eta + \varepsilon_i$$

$$(3)$$

四、分析结果

(一)强基生的未来规划清晰程度

"强基计划"规定试点高校录取的学生原则上在大学期间不能转到相关学科之外的专业就读,与此同时畅通了基础学科的人才成长发展通道,对学业优秀的学生,试点高校可在免试推荐研究生、直博、公派留学等方面予以优先安排,并探索"本—硕—博"衔接的培养模式。[1] 从政策设计来看,"强基计划"更希望录取的生源具有长远学术志向,且为这些学生未来发展提供了更多的机会和资源。因

---

[1] 教育部关于在部分高校开展基础学科招生改革试点工作的意见[EB/OL].(2020-01-14)[2021-07-17]. http://www.gov.cn/zhengce/zhengceku/2020-01/15/content_5469328.htm.

此,相比于统招新生,有意向学习基础学科并最终选择"强基计划"的考生对自身未来的发展规划可能会更加清晰。

根据描述统计结果,40.8%的强基生对自身未来缺乏清晰、明确的规划,强基生在未来规划清晰程度上的自评均值为1.65(略高于统招生的自评均值1.63),处于"不清晰"和"比较清晰"之间。为了更客观地了解强基生的未来规划清晰程度情况,本部分建立统计模型比较了强基生和统招生在该方面的实质差异。表6-1第2列仅控制院系固定效应和年份固定效应,结果表明,同年级同院系的两类学生在未来规划清晰程度上没有显著差异。第3列进一步控制了学生的背景变量,数据显示在学生背景特征相同的条件下,两类新生在未来规划清晰程度上的差异依然不显著。

表6-1 强基生和统招生的未来规划清晰程度差异

	模型(1)	模型(2)
强基生 [统招生]	0.003 (0.117)	−0.046 (0.154)
其他控制变量		√
省份固定效应		√
院系固定效应	√	√
年份固定效应	√	√
样本量	1417	1417
Pseudo R^2	0.053	0.133

注:*** $p<0.01$,** $p<0.05$,* $p<0.1$;[ ]为参照组,( )中数字为标准误;其他控制变量包括性别等个体变量、家庭年收入等家庭变量以及高中变量。

（二）生涯教育对强基生规划清晰程度的影响

表 6-2 通过分样本探讨高中生涯教育分别对强基生和统招生未来规划清晰程度的影响效应。第 2 列分析了高中阶段参与生涯教育对强基生未来规划清晰程度的影响。结果显示，控制学生背景特征后，同年级同院系的强基生中，那些参加过生涯教育的学生更有可能在入学初始就确定了未来发展方向。第 3 列则分析了高中生涯教育对统招生的人生规划清晰程度的影响。数据表明：在学生背景特征一致的条件下，参加高中生涯教育同样显著正向影响着统招生的规划清晰程度。

第 4 列和第 5 列比较分析了不同类型生涯教育活动对两类学生未来规划清晰程度的影响差异。第 4 列对强基生样本的分析发现：控制学生背景特征及其他生涯教育活动参与情况后，高中阶段参与过生涯教育的强基生群体中，相比未参加过任何自我探索活动的学生，参加过两类自我探索活动学生的未来规划清晰程度越高；相比未参加任何职业探索类活动的学生，那些参加职业探索类活动的学生更可能对未来具备清晰明确的规划。第 5 列对统招生样本的分析则显示：在控制学生背景条件和其他生涯教育活动参与情况后，相对于未参加任何自我探索类活动的学生，自我探索类活动参与丰富程度越高的学生在未来规划方面的清晰程度显著越高。

上述结果表明，高中阶段参与生涯教育活动是被"强基计划"录取学生未来人生规划清晰程度的有效预测指标。其中，自我探索类、职业探索类的生涯教育活动能够显著提升强基生的未来规划清晰程度，但只有参与相对更丰富的自我探索类生涯活动对统招生的规划清晰程度存在正向影响。

表6-2 高中生涯教育对学生规划清晰程度的影响

	强基生(1)	统招生(2)	强基生(3)	统招生(4)
高中生涯教育[未参加]	0.661*** (0.146)	0.673*** (0.194)		
自我探索类[未参加]				
参加其中一种			0.135 (0.267)	0.605 (0.432)
两种都参加			0.857*** (0.300)	0.958* (0.493)
职业探索[未参加]				
参加其中一种			0.621** (0.229)	0.188 (0.376)
两种都参加			0.698** (0.359)	0.740 (0.657)
升学探索[未参加]				
参加其中一种			0.175 (0.274)	0.103 (0.446)
两种都参加			0.136 (0.265)	0.087 (0.412)
生涯管理[未参加]			0.094 (0.285)	0.005 (0.487)
其他控制变量	√	√	√	√
省份固定效应	√	√	√	√
院系固定效应	√	√	√	√
年份固定效应	√	√	√	√
样本量	880	537	523	330
Pseudo R^2	0.108	0.177	0.099	0.142

注释同表6-1。

五、结论建议

（一）结论讨论

本部分基于一所试点高校两个年度的本科新生调查数据，分别考察了强基生的未来规划清晰程度以及高中生涯教育对其未来规划清晰程度的影响效应。主要发现如下。

其一，关于强基生的未来规划清晰程度。一方面，四成左右的强基生对未来生活学习缺乏清晰认知和明确规划。通过对强基生的访谈，我们可以将这类群体大致分为两类：一类强基生并不急于过早确定未来的发展方向。这类学生通常怀着"边走边探索"的心态，觉得入学就决定四年后读研或工作等还为时过早。他们更期待通过大学阶段的生活学习慢慢探索决定，因此并未及早确定自己的发展规划。如有学生表示，"我还在摸索，因为考研或保研不是要看绩点嘛，我想通过各种渠道加深下对做科研的了解，同时我想现在是打基础阶段，等我接触了更多专业课程之后再去考虑将来是否有可能往科研方面走""我暂时还没深入、详细地考虑未来规划，要不要读硕博也没有确定（如果有可能的话，专业内保研）；但具体以后会怎么样，还需要点时间考虑"。另一类强基生自身缺乏规划未来的意识或能力，这类学生往往更可能是"随大流、一步步走"，对大学生活、学科专业或职业前景等缺乏充分了解，也不太关注未来发展的问题，因此在入学时并不明确自己将来要往什么方向发展。如有学生提到，"我不太考虑毕业后要如何打算的事情，也没有去关注，现在主要跟着学院的课程安排走""我没有对未来的打算，可能还处于挺迷茫的阶段,不知道未来要分流到什么方向,也不知道该不该读研,可能在学习了更多专业课程后会有一些别的想法"。

另一方面,强基生的规划清晰程度与同年级同院系的统招新生没有显著差异。这可以被多种因素解释,在调研中我们发现:由于"强基计划"刚开始试点实施,多数考生在高中阶段并未深入考虑过是否要通过"强基计划"进入心仪大学和相关专业;且"强基计划"报名时间为每年4—5月份、校测时间在统一高考出分后,一些高中生仅在这一时期根据个人学业实力、专业选择意愿等来决定是否报考"强基计划"。因此强基生刚入大学时的规划清晰程度跟统招新生相比并未体现出明显差异。同时,尽管"强基计划"政策提出通过小班化教学、"本—硕—博"衔接等方式进行专门化的人才培养,但对于同样处于从高中向大学过渡阶段的强基生和统招新生来说,由于对大学生活、学科专业、职业前景等缺乏深入系统的理解和认识,他们对自己将来的发展方向很可能同样缺乏清晰的预估和安排,由此造成两类学生规划清晰程度的差异可能并不显著。

其二,高中生涯教育能够帮助强基生建构起相对清晰的未来发展图景。以往研究表明高中阶段参与生涯课程或体验活动,在一定程度上能够帮助考生评估自身的学术兴趣和专长,及时了解大学招生政策和学科专业信息等,自主、积极地确立发展目标,制订学习计划和发展规划,并为未来生活作好充足准备等,本章研究同样证实了生涯教育对于强基生明晰发展方向的积极效果。

从参与生涯教育类型及其丰富程度来看,一方面,在控制其他条件下,职业探索类活动对强基生规划清晰程度发挥着显著的正向影响效应。这可能是由于相比参加其他生涯教育活动,职业探索类活动的参与能够更加直接地帮助学生了解相关专业的发展定位、就业前景、社会职业方向等各类信息,并获得对相关职业世界的切身体验,进而促使他们更加积极地思考未来的职业志向等。尤其是对于报考并最终被"强基计划"录取的学生,鉴于强基招生专业属于非"实用"或非"热门"

的基础学科,参加职业探索类活动能够促使他们通过高中阶段对相关职业领域的探索和了解,获得对强基学科专业和未来职业前景更加正确、客观和深入的认识(相比那些从未参加过此类活动的强基生),并在此基础上初步制订个人发展的长短期规划等,因此他们的未来规划清晰程度相对更高。另一方面,相比不参加任何自我探索活动,参与多种自我探索活动对于提升强基生的规划清晰程度同样具有重要价值。这可能是因为相比其他生涯教育活动,丰富的自我探索活动能够帮助强基生充分挖掘自己的兴趣、爱好、能力等,促使他们获得对自我更为正确的认知(相比于那些未参加这类活动的强基生),从而能够根据兴趣特长和自我发展需求等报考大学专业,以及规划发展方向等。

此外,本部分研究同时发现,在控制其他条件下,高中生涯教育对提升统招新生的规划清晰程度具有正向预测作用,其中仅多种自我探索类活动参与的影响效果较为明显。在新高考改革试点推进过程中,国内一些高中相继开设了生涯教育课程或探索体验活动,为高中生提供指导和帮助以提高他们的职业认知能力、生涯决策能力等。这些活动并非只针对某一类群体开展,且多数高中生仅在高三下学期决定报考"强基计划",因此参与各种自我探索活动同样能够帮助统招新生充分探索和了解自我,进而对提升他们规划清晰程度发挥积极影响作用。然而职业探索类活动对统招新生规划未来的作用并不显著,可能是因为相比于强基生,那些通过高考统招进入相关专业的学生在选择学科专业时更少受到高考分数的限制[1],且进入大学后在转专业、未来读研或就业等方面具有更多的灵活度和自由度,从而使得那些探索外部职业世界相关活动的影响相对失效。

---

[1] 崔海丽,马莉萍,朱红.谁被"强基计划"录取——对某试点高等学校2020级新生的调查[J].教育研究,2021(6):100—111.

（二）政策建议

"强基计划"招收有志于从事基础学科研究的学生，对学生在学科兴趣、人生抱负等方面都提出了特定要求，因此需要选择"强基计划"的学生站在生涯角度去理解个人未来的目标期望和发展路径。本章通过实证分析验证了高中生涯教育对强基生发展规划的独特价值，基于上述研究结果，为进一步优化"强基计划"人才选拔和培养效果，提出如下思考和建议。

首先，高中学校持续推进生涯教育，为学生提供科学有效的生涯指导。已有研究指出目前全国多数高中学校对生涯教育都处于探索阶段，对其概念和定位认知都较为模糊，能够给予学生的志愿填报、职业规划等的帮助有限。[1] 本调查同样表明尽管超过半数学生在高中阶段参加过生涯教育相关活动，但仅15.6%的学生认为生涯教育非常有帮助（强基生的比例为16.8%），18.1%的学生则认为完全没有帮助（强基生的比例为18.7%）。2020年我国教育部修订的普通高中课程方案明确了高中教育的任务之一是"为学生适应社会生活、高等教育和职业发展作准备"，并要求高中阶段引导学生进行面向未来职业的规划。[2] 有效的高中生涯教育指导应能够引发学生更加自主地思考人生和未来，在知识学习与生活实践、大学专业选择、职业探索之间建立更加深切的关系。

因此，无论是新高考改革试点地区还是传统高考地区，各类高中未来应通过

---

[1] 张文杰,哈巍,朱红. 新高考背景下不同阶层学生入学机会变化及学校生涯教育的补偿效应探究——以某双一流大学为例[J]. 教育发展研究,2020,40(Z1):57—66.
[2] 中华人民共和国教育部. 教育部关于印发普通高中课程方案和语文等学科课程标准（2017年版2020年修订）的通知[EB/OL]. (2020-05-11)[2021-07-15]. http://www.moe.gov.cn/srcsite/A26/s8001/202006/t20200603_462199.html.

构建科学的生涯课程体系、加强生涯指导教师的专业培训、开展多样的生涯教育活动等,向学生提供系统、专业的生涯规划指导,培养学生的自我认知和规划意识,促使学生(尤其是对基础学科感兴趣的学生)更加自主地思考、寻找、建构未来人生方向,进而提升他们大学专业选择和职业决策的有效性和适切性。同时,鉴于职业探索类、自我探索类生涯活动对强基生未来规划清晰程度的价值,高中学校一方面可以通过与企事业单位合作、邀请不同职业的优秀校友宣讲等不同方式,为学生搭建了解体验职业世界的平台,促使他们体悟不同职业的社会价值、明晰不同职业的专业素养要求等,让他们在亲身实践和感知中明确职业理想并提升生涯规划的意识和能力;另一方面强化对高中生自我认知的指导,借助技术测评和活动体验等形式帮助学生正确认识自我和看待个体差异,了解自我的性格特征、兴趣爱好、能力特长等[1],促使学生更好地基于自我需求来选择学科专业和规划未来发展方向。

其次,试点高校及其院系开展针对性的生涯教育活动,增强大学新生(尤其是强基生)的生涯规划意识和能力。大学阶段是个体从青少年晚期向成年早期的过渡时期,其重要性和必要性不言而喻。刚进入大学的新生,如果缺乏明确的目标以及对未来可能的选择知之甚少,很有可能产生迷茫、困惑、焦虑、压力过大、自信心不足等问题。[2][3][4] 因此,大学及其院系引导大一新生尽早做好规划极为关键,

---

[1] 顾雪英,魏善春.新高考背景下普通高中生涯教育:现实意义、价值诉求与体系建构[J].江苏高教,2019(6):44—50.

[2] 郑晓宁,高静,刘淼淼.大类招生与培养背景下大学新生适应问题探析[J].学校党建与思想教育,2018(7):70—72.

[3] Fouad N, Cotter E W, Kantamneni N. The Effectiveness of a Career Decision-Making Course [J]. Journal of Career Assessment, 2009,17(3):338-347.

[4] Gore J, Holmes K, Smith M, et al. Socioeconomic Status and the Career Aspirations of Australian School Students: Testing Enduring Assumptions [J]. The Australian Educational Researcher, 2015 (42):155-177.

对于学习基础学科的强基生(尤其是那些对专业及职业相关的知识和信息掌握不充分、自身学科偏好和生活规划相对不稳定的学生)来说更是如此。

有研究曾指出,大学生生涯决策缺失或存在困难的原因有很多,其中三个重要原因是缺乏充足的准备、缺少必要的信息,以及信息不一致。[1][2] 基于此,建议实施"强基计划"的大学及其院系应将生涯教育贯穿于本科生培养全过程,通过开设专业(行业)前沿知识讲座、生涯规划系列课程,以及组织职业实践体验活动、搭建多方主体的沟通交流平台等,向学生提供内容充足、准确且多元的信息与资源,提高学生对学科专业和未来职业的认识深度。另一方面,通过辅导员、班主任、学业导师等人员,借助个别交流、团体辅导等方式,深入了解强基生的不同生涯教育需求和职业规划状况,对不同的学生开展针对性的指导,激发他们的生涯规划意识,帮助他们正确认识与了解自我并增强自我认知和规划能力,确保他们尽早适应大学生活并确立发展目标。此外,大学及相关院系应增强与高中进行衔接式培养拔尖人才的意识,通过协商建立有效的合作共育机制,利用大学丰富资源为高中拔尖学生提供体验大学课程、了解学科专业、科研实践活动等的机会,促进学生明晰生涯规划目标,真正实现"高中—大学"生涯规划教育的深度衔接。

---

[1] Gati I, Krausz M, Osipow S H. A Taxonomy of Difficulties in Career Decision-making [J]. Journal of Counseling Psychology, 1996(43):510-526.
[2] Fouad N, Cotter E W, Kantamneni N. The Effectiveness of a Career Decision-Making Course [J]. Journal of Career Assessment, 2009,17(3):338-347.

第三部分
拔尖人才培养效果评估

第七章 "强基计划"学生的学术志趣

一、研究问题提出

"强基计划"通过对录取的学生制定单独人才培养方案和激励机制、探索建立"本—硕—博"衔接的培养模式等方式,为国家培养基础学科领域的拔尖人才,即意味着期望培养的是具有科研能力与志向的基础学科领域人才。已有研究表明,学术志趣是预测拔尖人才科研能力发展的重要因素[1][2],并从理论上提出"志趣"的养成是有效精英教育的关键,应成为本科阶段育人的核心主题。[3] 事实上,学术人才成长所需的时间较长,相应的学术训练必须延续至硕士甚至博士阶段才能初步完成。[4] 而这一漫长的学习过程极易带来学业压力和心理压力,从而对学生的学术职业选择产生影响。这一过程中,如果学生没有形成明确且坚定的学术志趣,一般很难坚持完成长期而艰苦的学术训练,对于基础学科的学术研究来说更是如此。实证研究也证实,统合了个人兴趣和志向的学术志趣是学生确立学术目

---

[1] 姚彩云,张宇,刘洪韬.探索选拔具有培养潜质的博士考生方法的实证研究[J].学位研究生教育,2018(10):48—52.
[2] 陆一,史静寰.志趣:大学拔尖创新人才培养的基础[J].教育研究,2014,(3):48—54.
[3] 陆一,史静寰.志趣:大学拔尖创新人才培养的基础[J].教育研究,2014,(3):48—54.
[4] 徐国兴.资优本科生学术志趣发展的类型、成因及效应——基于九所"双一流"建设高校的调查分析[J].高等教育研究,2020(11):81—89.

标和选择学术职业的关键因素[①],能够引导和调节学习者的学术行为。[②] 学术志趣在学术职业压力和职业倦怠间的关系中具有调节作用,能有效抑制学术职业倦怠[③],(通过学术参与、就业满意度等途径)对学生的焦虑心理具有负向预测作用。[④⑤] 同时,明确而坚定的学术志趣是强化内部学习动机的直接因素[⑥],这是因为学术志趣及由其自然孕育而生的探索未知的勇气极为强大和持久,足以抵消长期艰苦学术训练的负面影响。[⑦]

从政策文本来看,"强基计划"实施的总目标是通过吸引那些对科学研究有兴趣、有志向、有天赋的学生前来报考与学习,培养基础学科领域的科研人才。自2020年初次试点实施以来,第一届强基生已完成了本科阶段的学习,在未来规划方面有了相对明确的选择。同时,2021级和2022级的强基生也先后进入了大二和大三阶段的学习。那么,经过大学阶段的专业学习后,这些强基生对所学专业的兴趣程度如何?是否具备了一定的学术志趣?哪些因素有助于学生的学术志趣形成与发展?本章以强基生的学术志趣为核心问题,分析强基生的学术志趣发展变化以及高校和学院政策对他们的学术志趣可能产生的影响。

[①] 鲍威,杜嫱,麻嘉玲.是否以学术为业:博士研究生的学术职业取向及其影响因素[J].高等教育研究,2017,38(4):61—70.

[②] 吕林海,龚放.求知旨趣:影响一流大学本科生学习经历质量的深层动力——基于中美八所大学SERU(2017—2018)调研数据的分析[J].江苏高教,2019(9):57—65.

[③] 阎光才,闵韡.高校教师的职业压力、倦怠与学术热情[J].高等教育研究,2020,41(9):65—76.

[④] 徐贞.理工科博士生入学动机及其对学术表现、就业偏好的影响——基于全国35所研究生院高校的调查[J].中国高教研究,2018(9):74—80.

[⑤] 赵金敏,周文辉,付萌萌.雄心与焦虑:学术志趣何以影响博士生焦虑心理[J].研究生教育研究,2023(3):21—29.

[⑥] 陆一,史静寰.拔尖创新人才培养中影响学术志趣的教育因素探析:以清华大学生命科学专业本科生为例[J].教育研究,2015,36(5):38—47.

[⑦] 徐国兴.资优本科生学术志趣发展的类型、成因及效应——基于九所"双一流"建设高校的调查分析[J].高等教育研究,2020(11):81—89.

二、相关文献综述

（一）学术志趣的界定与表现

学术志趣是一个内涵相对丰富的概念。根据文献梳理结果，当前学术界对学术志趣的界定有四种取向。

第一，强调学术志趣是一种个体兴趣。即学术志趣是一种将学术追求与学术研究作为人生方向的长远兴趣，是一种与人的生命相统一的内在兴趣，是一种具有普遍性的个体兴趣。① 如有研究认为，西方文化情境下的学术志趣（通常表示为 academic disposition, academic aspiration and interests 等）更加强调个人层面的"趣"，且这种"趣"往往与个人的使命感及其学术职业选择紧密相连。②

第二，强调学术志趣是一种个人品格，包含社会价值判断的远大志向。即学术志趣是一种使命感和责任感，潜心学术研究、献身学术事业、追求高远、勇攀学术高峰、淡泊名利和刻苦钻研是其外在的表现。③ 有研究指出，学术志趣是指对专业领域高度认同、非常感兴趣且立志于投身学术。④

第三，强调学术志趣是学术兴趣和学术志向有机结合形成的有机体。即学术

---

① 谢维和.教育的道理——谢维和教育文集（第1卷）[M].北京：教育科学出版社，2014：247—250.
② 刘璐璐，史静寰.博士生学术志趣的内涵与形成[J].清华大学教育研究，2023（1）：131—140.
③ 栗洪武.高校教师学术能力提升的活力要素与激励机制运行模式[J].陕西师范大学学报（哲学社会科学版），2012，41（6）：154—157.
④ 陆一，史静寰.拔尖创新人才培养中影响学术志趣的教育因素探析：以清华大学生命科学专业本科生为例[J].教育研究，2015，36（5）：38—47.

志趣是指学生对特定专业、学科的学术抱负,包括对专业领域的认同以及后续学业发展目标。① 从字面意思来看,学术志趣是学术志向与学术兴趣的结合体,是一个融合了个人兴趣与社会理想的综合概念。有研究认为,学术志趣被认为是拔尖创新人才的必备素质,指的是基于内在的学术兴趣、有持久研究热情以及从事学术研究工作的期望。② 具体可体现在个人兴趣、学术抱负、学术理想、学术情怀、职业选择等诸多方面。③ 也有研究指出,学术志趣指对专业领域高度认同、非常感兴趣,有志于投身其中、成为科研工作者的动机。④ 也是马克斯·韦伯所述的"献身学术研究、以学术为志业"的承诺。⑤

第四,也有学者从动力角度对学术志趣进行界定。兴趣是一种最广泛意义上的学习动力概念,它是一种学习的心理驱动倾向,调节并决定着学习者的学习行为、学习方法乃至学习效果。学术志趣则是学者潜心学术、琢磨学问的动力之源,是高层次创新人才培养和高水平学术成果产出的重要基础,带有明显的动力特征。⑥

总体来说,相比于更具"情境指向"的学习兴趣以及学生对所学专业的专业兴趣,学术志趣更具有个体指向、高深学问和学术追求指向,更加贴合一流大学基础学科拔尖学生群体的特质。

---

① 屈廖健,孙靓. 研究型大学本科生课程学习参与度的影响因素及提升策略研究[J]. 高校教育管理,2019,13(1):113—124.
② 沈裕挺,沈文钦,刘斌. 人文学科学生的学术志趣是怎么形成的[J]. 教育学术月刊,2019(3):37—46.
③ 邝宏达,李林英. 理工科博士生入学前后学术职业志趣变化特征及教育对策[J]. 研究生教育研究,2019(6):26—34.
④ 陆一,史静寰. 志趣:大学拔尖创新人才培养的基础[J]. 教育研究,2014,35(3):48—54.
⑤ 马克斯·韦伯. 学术与政治[M]. 冯克利,译. 北京:生活·读书·新知三联书店,2013:159.
⑥ 周玉容,王辰琛. 人文社会学科硕士研究生学术志趣的激活机制与提升路径——基于特质激活理论的分析[J]. 现代教育科学,2022(3):127—132.

（二）本科生的学术志趣情况

本科生的学术志趣是学生基于个人兴趣、偏好和能力，以及专业发展前景、就业预期等各方面因素而做出的意向判断，体现着大学生对未来发展的期待和倾向。以往研究将大学生毕业后的国内读研和出国留学统称为学术深造，这两项反映了大学生个体的教育期望(educational expectations)或教育抱负(educational aspirations)。[①] 此外，由于一些本科生在进入大学前几乎将全部精力用于准备高考，没有机会探索自己的兴趣爱好、大学专业的设置和内容[②]以及思考个人的职业发展方向，或者大学阶段在各个方向进行试探性的参与而缺乏对毕业意向的明确认知等，部分学生可能对毕业意向没有打算或者正在考虑，尚未确定。

国内关于大学生毕业后读研等选择的研究大约开始于2000年，也即高校大幅扩招之后。[③] 学者们对本科生的毕业意向进行了广泛调查，研究表明近年来我国大学本科生中具有继续深造意向的学生比例不断攀升，且远高于打算直接就业的学生比例，同时也不乏部分学生对毕业选择没有明确规划。例如，一项2007年对一所高校本科生的调查发现，29.6%的大学生具有升学意愿（含考研和出国留学），65.5%的学生打算直接就业，4.9%的学生没有考虑过或正在考虑毕业打算。[④] 2008

[①] 闵尊涛，陈云松，王修晓.大学生毕业意向的影响机制及变迁趋势：基于十年历时调查数据的实证考察[J].社会，2018，38(5)：182—213.
[②] 马莉萍，朱红，文东茅.入学后选专业有助于提高本科生的专业兴趣吗——基于配对抽样和固定效应的实证研究[J].北京大学教育评论，2017(2)：131—144+190—191.
[③] 闵尊涛，陈云松，王修晓.大学生毕业意向的影响机制及变迁趋势：基于十年历时调查数据的实证考察[J].社会，2018，38(5)：182—213.
[④] 甘寿国，蔡涛.学生职业生涯规划状况及其影响因素——来自广东金融学院的调查报告[J].高教探索，2007(4)：121—125.

年和2009年对北京市大学生的两个调查发现,52%以上的学生准备毕业后继续求学深造,明显高于计划直接工作的学生比例。[1][2] 一项对7所重点大学2010届毕业生毕业意向的调查指出,打算继续学术深造的学生占比达到58.4%。[3] 一项对2018级本科生的调查发现,无论是否家庭经济困难,计划毕业后继续升学的学生比例均达到79.7%及以上,尚未想好毕业规划的学生占比在9.6%左右。[4] 此外,有研究分析了2007—2016年大学生毕业意向的演变趋势,指出继续升学(国内读研、出国留学)的人数持续上升,且远远多于找工作的人。[5]

不同学科之间的学科文化、研究范式、知识特点以及知识结构等差异,通过学科规训制度作用的发挥而对学生的发展和未来选择产生影响[6],由此带来本科生的毕业选择可能因学科类型的不同而存在明显差异,反映了学生学术志趣的差异。一些学者对不同学科本科生的毕业意向进行分析后发现,相比于商科和经济学专业,人文类专业和自然科学类专业的学生选择学术深造的比例较高;[7]相比于经管类专业,人文类、艺术类专业的本科生打算毕业后读研的比例显著更低,而理

---

[1] 黄敬宝.2008年北京地区大学生就业状况调查[J].中国青年研究,2009(1):62—65.
[2] 胡莉芳.大学生生涯规划及其影响因素——基于2009年中国教育长期追踪调查(CEPSC)数据[J].中国人民大学教育学刊,2011(4):5—25.
[3] 李研,龚承刚.2010届高校毕业生意向选择的统计考察——以武汉地区部分高校为例[J].统计与决策,2010(2):98—101.
[4] 张晓京,张作宾,刘广昕.家庭经济困难学生大学入学适应研究——基于某"双一流"建设高校大一新生的调查[J].中国高教研究,2020(8):72—77.
[5] 闵尊涛,陈云松,王修晓.大学生毕业意向的影响机制及变迁趋势:基于十年历时调查数据的实证考察[J].社会,2018,38(5):182—213.
[6] 吴永源,沈红.什么在影响大学生的毕业意向:家庭、学科还是能力?——基于"2016全国本科生能力测评"的实证分析[J].江苏高教,2020(4):83—90.
[7] English D, Umbach P D. Graduate School Choice: An Examination of Individual and Institutional Effects [J]. Review of Higher Education, 2016,39(2):173.

工类专业的本科生计划读研的比例显著更高。① 相对于工科学生,理科和医学学生更倾向于选择学术深造,而文科学生没有显著差异。② 这些结果表明:整体来看,那些注重学科知识的积累与发展,市场指向性较低而学术指向性较高的基础学科,其本科生在毕业选择中更倾向于选择学术深造。

此外,部分研究者对重点高校本科生的学术志趣水平进行探索。例如,吕林海和龚放(2019)的相关研究首次尝试从比较视角大规模地把握我国高水平大学本科生学术志趣的现状和特征,基于中美八所一流大学 SERU 调查数据的分析发现,中国一流大学本科生的求知旨趣显著低于美国大学生,中国大学生中,约60%的学生属于"低旨趣、差经历"的群体,美国这一比例大约为40%。③ 陆一等人依据小样本调查和访谈方法,深入考察了资优本科生学术志趣的形成机制及其改善策略,并发现一年级学生的学术志趣显著高于高年级学生,且两组学生学术志趣的相关因素明显不同。④ 徐国兴(2020)对九所"双一流"建设高校本科生的问卷调查发现,资优本科生的学术志趣发展分为四种类型,按占比从大到小分别是理想型、正常型、积极型、独立型。整体而言,资优本科生学术志趣发展的水平较高且因时而变的比例较低。理想型学术志趣发展对各种能力的提升均产生显著的正向影响,但独立型和积极型均未产生显著影响。学习参与和教师教学对各种能力提升的积极作用非常显著。⑤

---

① 闵尊涛,陈云松,王修晓.大学生毕业意向的影响机制及变迁趋势:基于十年历时调查数据的实证考察[J].社会,2018,38(5):182—213.
② 吴永源,沈红.什么在影响大学生的毕业意向:家庭、学科还是能力?——基于"2016 全国本科生能力测评"的实证分析[J].江苏高教,2020(4):83—90.
③ 吕林海,龚放.求知旨趣:影响一流大学本科生学习经历质量的深层动力——基于中美八所大学SERU(2017—2018)调研数据的分析[J].江苏高教,2019(9):57—65.
④ 陆一,史静寰.拔尖创新人才培养中影响学术志趣的教育因素探析——以清华大学生命科学专业本科生为例[J].教育研究,2015,36(5):38—47.
⑤ 徐国兴.资优本科生学术志趣发展的类型、成因及效应——基于九所"双一流"建设高校的调查分析[J].高等教育研究,2020(11):81—89.

（三）学生学术志趣影响因素

哪些因素能够影响学生的学术志趣形成和发展，是学界关于学术志趣研究的重点关注话题之一。综合已有研究成果来看，学术志趣的影响因素可概括为个体属性、学术特征和学术环境三个方面。其中，个体属性包括性别、年级、人格类型、学术价值观、入学动机、家庭收入和父母受教育状况等。学术特征包括学科类型、专业匹配程度、课程安排等。学术环境包括导师的指导频次、学术造诣、学术态度、同辈间的学术交流与合作、学术氛围等。[①] 也有研究基于院校影响力理论，从院校组织禀赋和个体行动视角展开探讨，提出师生互动、课程教学以及科研训练环境被认为是影响学术志趣的重要因素。[②] 结合本科生的特点，本部分主要从课程学习、科研参与、同伴影响和导师支持四个方面，分析这些对学生学术志趣形成与发展的影响关系。

首先是课程学习。唐盛昌(2013)研究发现，专门的课程是影响学生学术志趣的外部环境因素。[③] 徐国兴(2020)的研究表明，本科生的课程学习参与既对理想型的学术志趣也对独立型的学术志趣产生显著的正向影响，但对积极型的学术志趣未产生显著影响。[④] 吕林海(2023)对全国12所一流大学"拔尖计划"本科生的问卷调查发现，个体开放的心智倾向以及学习参与、优质讲授两个环境因素对学

[①] 赵金敏,王世岳.回归还是逃离:学术型硕士生学术志趣转变的质性研究[J].江苏高教,2022(8):93—101.
[②] 邝宏达,李林英.高校重大科研项目团队科研训练环境对研究生学术志趣的影响机制[J].学位与研究生教育,2020(5):59—66.
[③] 唐盛昌.高中生专门课程的构建与专业取向选择[J].教育发展研究,2013,33(18):15—21.
[④] 徐国兴.资优本科生学术志趣发展的类型、成因及效应——基于九所"双一流"建设高校的调查分析[J].高等教育研究,2020(11):81—89.

习者求知旨趣的生发有显著影响作用,而且环境因素还在开放心智倾向影响学习者求知旨趣的过程中发挥调节作用,其结果突出表现为求知旨趣差异的缩小。① 学生越多参与有益的学习活动(课堂讨论、互动交流等),越能感受教师的优质讲授,他们就更能获得优异学习成果(知识习得与能力发展)。②

其次是科研参与。本科生通过参与科研能够促进其高阶认知能力的发展,如科学推理、学术认知和沟通表达③④⑤,在学术研究的过程中认识和理解科学基本问题,培养开放的心智和浓厚的兴趣。⑥ 通过科研活动,学生关于研究和学习的态度会发生转变,对学术工作有更加深刻的认知;⑦同时,他们能够较早地规划学术职业路径⑧,读研比例更高⑨,且更倾向于选择学术型硕士。⑩ 一些研究通过质性

---

① 吕林海.何以乐其学:拔尖学生的求知旨趣及其生成机制[J].高等教育研究,2023(2):71—82.
② 迈克尔·普洛瑟,基思·特里格维尔.如何提高学生学习质量[M].潘红,陈锵明,译.北京:北京大学出版社,2013:82—86.
③ Ryder J, Leach J. University Science Students' Experience of Investigation Project Work and Their Images of Science [J]. International Journal of Science Education, 1999(9):945-956.
④ Russell S H, Hancock M P, Mccullough J. Benefits of Undergraduate Research Experience [J]. Science, 2007(316):518-549.
⑤ Kardash C A M. Evaluation of Undergraduate Research Experience: Perceptions of Undergraduate Interns and Their Faculty Mentors [J]. Journal of Educational Psychology, 2000(1):191.
⑥ 杰拉德·卡斯帕尔,李延成.成功的研究密集型大学必备的四种特性[J].国家高级教育行政学院学报,2002(5):57—69.
⑦ Russell S H, Hancock M P, Mccullough J. Benefits of Undergraduate Research Experience [J]. Science, 2007(316):518-549.
⑧ Seymour E, Hunter A B, Laursen S L, et al. Establishing the Benefits of Research Experiences for Undergraduates in the Sciences: First Findings from a Three-year Study [J]. Science Education, 2004(4):493-534.
⑨ Estrada M, Woodcock A, Hernandez P R, et al. Toward a Model of Social Influence that Explains Minority Student Integration into the Scientific Community [J]. Journal of Educational Psychology, 2011(1):206.
⑩ 范皑皑,王晶心,张东明.本科期间科研参与情况对研究生类型选择的影响[J].中国高教研究,2017(7):68—73.

访谈得到同样发现,如部分受访者谈到了本科阶段的研究经历,认为参与本科生科研项目训练能够让自己有机会亲身体验科研,认识和了解科研工作的运行过程,提前积累研究能力和学术素养,为今后的学术之路作好准备。[1] 也有学者分析认为,本科生在知识储备、能力、经验方面不够成熟,固然需要通过这个环节磨炼科研基本功、熟悉科研工作等,然而,要说与较高的学术志趣有显著相关性的,并不是学徒式的体验,而是和团队一起挑战科学最前沿的体验,或者通过讲座、座谈等形式与国际顶尖学者经常交流研讨也对学术志趣很有益处。[2] 此外,还有一些研究进一步探讨了科研参与影响学术志趣形成和发展的途径。如万芮(2023)发现,科研参与通过操作技能、科学品位和学力自信的链式中介间接影响拔尖学生的学术志趣。[3] 邝宏达和李林英(2020)发现,科研训练环境通过学术自我效能、学术角色认同和学术结果期待的多重中介作用影响研究生学术志趣。[4]

其三是同伴影响。少数一些研究关注同伴群体对学生学术志趣形成和发展的影响。例如,万芮(2023)对 7 所顶尖大学千余位基础学科拔尖学生的研究发现,同伴之间的支持、勉励对大学生的自我规划和志业追求具有显著正效应,也是支持大学生获得人生目标感的重要资源,且这一效应明显强于教师的引导作用。[5] 与同伴经常畅快淋漓地探讨科学话题能够在科研场域下形成一种崇尚卓越

---

[1] 张茜. 以学术为志何以至——基于扎根理论的博士生学术志趣成长机制研究[J]. 江苏高教,2022(8):84—92.

[2] 陆一,史静寰. 拔尖创新人才培养中影响学术志趣的教育因素探析——以清华大学生命科学专业本科生为例[J]. 教育研究,2015,36(5):38—47.

[3] 万芮. 科研参与如何影响理工科拔尖学生的学术志趣——基于 7 所顶尖大学的调查数据[J]. 湖南师范大学教育科学学报,2023(1):78—88.

[4] 邝宏达,李林英. 高校重大科研项目团队科研训练环境对研究生学术志趣的影响机制[J]. 学位与研究生教育,2020(5):59—66.

[5] 万芮. 科研参与如何影响理工科拔尖学生的学术志趣——基于 7 所顶尖大学的调查数据[J]. 湖南师范大学教育科学学报,2023(1):78—88.

的氛围,帮助学生在学术道路上确立志趣。[1]

其四是导师支持。有学者结合社会学习理论(social learning theory)指出,个体总是倾向于去认同(identify)在经验(知识与技能)上优于他们的长者,[2]而学生对导师所塑造的良好形象(如博学多识等)的认同程度是影响其专业成长的关键。在研究生的社会化过程中,导师扮演着重要的"专业大使"(ambassadors of the profession)身份,是帮助学生融入学术界的"引路人"。[3] 导师通过鼓励学生进行学术性创作、参与学术性活动以提升其学术能力,同时通过给学生"灌输"学术职业责任感,促进其学术情感的发展,从而帮助其建构学术职业身份。[4] 与导师的交往经历对学生的学术理想、学术忠诚、学术兴趣以及学术热情都有显著的正向影响。[5][6][7][8]

导师的支持可以分为科研支持和情感支持两个维度。郭卉(2018)借鉴格伦内特(Glennet)等的分类框架,采用德尔菲法系统提炼出教师有效指导行为指标体系,将教师指导行为区分为结构化指导(规划科研项目、训练等)和社会情感指导

---

[1] 万芮.科研参与如何影响理工科拔尖学生的学术志趣——基于7所顶尖大学的调查数据[J].湖南师范大学教育科学学报,2023(1):78—88.

[2] Bigelow J R, Johnson W B. Promoting Mentor-Protégé Relationship Formation in Graduate School [J]. The Clinical Supervisor, 2001(1):1-23.

[3] Lechuga V M. Faculty-graduate Student Mentoring Relationships: Mentors' Perceived Roles and Responsibilities [J]. Higher Education, 2022(62):757-771.

[4] 邵剑耀.学术型硕士生学术热情的影响因素分析:兼论导师支持的调节作用[J].鲁东大学学报(哲学社会科学版),2023(4):69—76.

[5] 张永军,杜盛楠,于瑞丽,等.能力还是信念:导师指导对研究生学术不端行为的影响研究[J].心理研究,2018,11(6):532—539.

[6] 王建康,曹健.文科研究生学术忠诚现状调查及影响因素分析[J].中国高教研究,2008(8):26—28.

[7] 吴嘉琦,罗蕴丰.博士生导师如何影响博士生科研发表?——基于2016年首都高校学生发展状况调查数据的分析[J].复旦教育论坛,2020,18(5):55—62.

[8] 李锋亮,舒宜彬.导师指导与博士生的学术热情及投入[J].江苏高教,2020(7):24—30.

(帮助、反馈、联系等)。① 王培菁等人(2022)将导师的指导分为情感关怀和学术引领两个维度,并指出导师为学生"分享学科前沿动态""提供科研参与机会""撰写推荐信""发挥榜样示范作用"以及"尊重和鼓励学生的兴趣"等都是培养学生学术志趣的有效举措。② 尤其是在科研活动中,教师和学生形成科研实践共同体,学生在专家教师的指导下完成有挑战性的任务,从中习得研学态度和价值观念;③同时,导师支持可以通过提高学生的科研能力促进其对学术职业前景的期待。④

黄亚婷和王思遥(2020)研究指出,导师的学术性指导会提高学生的科研生产效率(如会议论文的接受率、期刊论文的发表率等),导师的心理支持(如关注学生的焦虑情绪、与学生谈论自己的科研经历等)则会显著提升学生对自己能够成功完成一系列研究任务的信心程度。⑤ 莫拉莱斯(Morales)(2009)等学者发现导师非正式的指导行为,如在学生遇到困难时给予鼓励、表示出对学生学习能力的信任等,都有利于帮助学生建立自信和激发学术志趣。⑥ 获得导师高情感性支持的个体对自身专业能力及外部环境支持的满意程度越高,其在学术热情上的得分也越高。⑦ 相

---

① 郭卉.本科生科研与创新人才培养[M].北京:中国社会科学出版社,2018:177—178.
② 王培菁,刘继安,戚佳.师傅如何领进门?——导师指导对本科生学术志趣的影响研究[J].中国人民大学教育学刊,2022(2):33—44.
③ Hunter A B, Laursen S L, Seymour E. Becoming a Scientist: The Role of Undergraduate Research in Students' Cognitive, Personal and Professional Development [J]. Science Education, 2007(1): 36-74.
④ 王传毅,王宇昕.博士生自我认知、培养环境与学术职业选择——基于2019年Nature全球博士生调查数据的实证研究[J].国家教育行政学院学报,2020(3):86—95.
⑤ 黄亚婷,王思遥.博士生学术职业社会化及其影响因素研究——基于《自然》全球博士生调查数据的实证分析[J].中国高教研究,2020(9):21—26.
⑥ Morales E E. Legitimizing Hope: An Exploration of Effective Mentoring for Dominican American Male College Students [J]. Journal of College Student Retention: Academic, Theory & Practice, 2009(3):385-406.
⑦ 邵剑耀.学术型硕士生学术热情的影响因素分析:兼论导师支持的调节作用[J].鲁东大学学报(哲学社会科学版),2023(4):69—76.

比学术引领,导师的情感关怀对于本科生学术志趣的影响作用更为凸显。其原因可能是,就情感关怀维度而言,希迪和伦宁格(Hidi & Renninger,2006)提出的"兴趣发展四阶段模型"认为兴趣的发展经历了从"触发的情景兴趣",到"保持的情景兴趣",到"出现个体兴趣",再到"发展良好的个体兴趣"的量变到质变的过程。在此过程中如果学生没有获得来自外部的情感支持和激励,兴趣发展可能会停滞甚至丧失。[1]

总体来看,目前国内外学者较多关注硕士研究生或博士研究生的学术志趣水平及其影响因素,而对本科生的学术志趣水平及其影响因素的分析相对较少。"强基计划"旨在培养对基础学科有兴趣、有志向的拔尖科研人才,经过大学阶段的培养后,他们的学术志趣水平到底如何,是评价"强基计划"实施效果的一个很重要的方面。本章立足于此,通过质性数据的分析来考察试点高校"强基计划"在读学生(不同年级、不同学科)的学术志趣以及其影响因素,以期对未来"强基计划"的有效实施提供针对性建议。

三、分析策略

本章重点以国内两所"强基计划"试点高校不同年级的强基生为研究对象,同时也选取了其他几所试点高校化学、数学、中文等学科专业的强基生开展研究。受访者编码用"年级+学科+编号"的方式呈现。其中,年级分为 2020 级、2021

---

[1] Hidi S, Renninger K A. The Four-Phase Model of Interest Development [J]. Educational Psychologist, 2006(2):111-127.

级、2022级、2023级,学科专业分为化学、生物科学、生物医学科学、工程力学、数学、物理学、中文、考古学、哲学,分别用 HX、SW、SY、GC、SX、WL、ZW、KG、ZX 表示。编号主要用"S"表示。比如,2020级化学学科的一位强基生用"2020-HX-S1"标识,2021级物理学科的一位强基生用"2021-WL-S2"标识。

受访者共计38人,年级分布在2020级、2021级、2022级、2023级四个年级,涉及学科包括生物医学、物理学、数学与应用数学、化学、工程力学、生物科学等9个学科专业,有助于我们较为全面地了解不同年级、不同学科专业强基生的在学经历和政策感受等情况。样本具体特征如表7-1所示。男性占比73.7%。2020级学生占比57.9%,2021级学生占比15.8%,2022级学生占比18.5%。物理学科学生占比34.2%、工程力学学科学生占比18.4%、生物科学学科学生占比13.2%、数学学科学生占比13.2%、生物医学学科学生占比10.5%(注:本书第八章、第九章所用数据同本章一样,后两章不再重复描述该样本)。

表7-1 受访对象信息

序号	年级	学科	编码	序号	年级	学科	编码
1	2020级	生物医学	2020-SY-S1	9	2020级	数学	2020-SX-S2
2	2020级	生物医学	2020-SY-S2	10	2020级	数学	2020-SX-S3
3	2020级	生物医学	2020-SY-S3	11	2020级	数学	2020-SX-S4
4	2020级	生物科学	2020-SK-S1	12	2020级	物理学	2020-WL-S1
5	2020级	生物科学	2020-SK-S2	13	2020级	物理学	2020-WL-S2
6	2020级	生物科学	2020-SK-S3	14	2020级	物理学	2020-WL-S3
7	2020级	生物科学	2020-SK-S4	15	2020级	物理学	2020-WL-S4
8	2020级	数学	2020-SX-S1	16	2020级	物理学	2020-WL-S5

(续表)

序号	年级	学科	编码	序号	年级	学科	编码
17	2020级	物理学	2020-WL-S6	28	2021级	化学	2021-HX-S1
18	2020级	工程力学	2020-GC-S1	29	2022级	物理学	2022-WL-S1
19	2020级	工程力学	2020-GC-S2	30	2022级	物理学	2022-WL-S2
20	2020级	中文	2020-ZW-S1	31	2022级	物理学	2022-WL-S3
21	2020级	考古学	2020-KG-S1	32	2022级	物理学	2022-WL-S4
22	2020级	哲学	2020-ZX-S1	33	2022级	工程力学	2022-GC-S1
23	2021级	工程力学	2021-GC-S1	34	2022级	化学	2022-HX-S1
24	2021级	工程力学	2021-GC-S2	35	2022级	数学	2022-SX-S1
25	2021级	物理学	2021-WL-S1	36	2023级	物理学	2023-WL-S1
26	2021级	物理学	2021-WL-S2	37	2023级	工程力学	2023-GC-S1
27	2021级	生物科学	2021-SK-S1	38	2023级	工程力学	2023-GC-S2

根据前文的文献综述,学术志趣是学术志向与学术兴趣的结合体,考虑到刚经历过大学阶段专业探索的本科生在学术志趣方面尚不明确且存在较大的不确定性,本部分研究主要借鉴国内外研究者的做法,将"读博意愿或行为"作为本科生学术志趣转变的一个可观测变量,即考察强基生在入学时的读博意愿、目前的读博意愿或者直博结果。同时,鉴于"强基计划"政策实施的特殊性,强基生入学时对就读专业的兴趣也被用来作为衡量学生学术志趣转变的一个观测变量。由于量化研究难以提供转变过程中的细节,也不容易挖掘其中的深层问题,质性方法更适合研究此类问题[1],本部分以访谈资料为基础来剖析强基生学术志趣的形

---

[1] 赵金敏,王世岳.回归还是逃离:学术型硕士生学术志趣转变的质性研究[J].江苏高教,2022(8):93-101.

成与发展过程,以及强基生培养环境中各类因素所产生的影响。根据学生对所学专业的兴趣、入学时的读博意愿、目前的读博意愿或直博结果,划出了"对专业感兴趣-入学打算读博-目前打算读博或已直博""对专业感兴趣-入学不打算读博-目前打算读博或已直博"等12类人群。研究者根据访谈情况,对受访者进行归类,最终析出了7类群体,并按照目前的读博意愿或行为而划分为"有学术志向""没有学术志向"和"不确定"三种类型。

四、分析结果

(一) 强基生的学术志趣总体情况

如表7-2所示,受访的强基生群体中,有学术志向的学生所占比例合计达到81.6%,其中,对所学专业感兴趣、入学时有读博打算且目前有读博打算或者已经直博的学生所占比例达到总人数的50%,远高于其他六种类型的学生占比;对所学专业不感兴趣但入学时和目前均有读博打算或者已经直博的学生所占比例达到28.9%,高于其他五种类型的学生占比。没有学术志向的强基生所占比例合计为15.8%,不足五分之一。其中,对所学专业不感兴趣、入学时和目前均不打算读博的学生所占比例为7.9%,对所学专业感兴趣、但入学时和目前均不打算读博的学生所占比例为5.3%。此外,未确定学术志向的强基生所占比例为2.7%,这类学生对所学专业感兴趣但入学时不打算读博,即使经历了大学阶段的探索,目前仍不确定未来是否要读博。

表 7-2 受访者的学术志趣水平概况

		对所学专业的兴趣	入学的读博打算	目前的读博打算	所占比例
有学术意向	1 类	感兴趣	读博	读博	50.0%
	2 类	感兴趣	不读博	读博	2.7%
	3 类	不感兴趣	读博	读博	28.9%
没有学术意向	4 类	感兴趣	不读博	不读博	5.3%
	5 类	感兴趣	读博	不读博	2.6%
	6 类	不感兴趣	不读博	不读博	7.9%
不确定	7 类	感兴趣	不读博	不确定	2.6%

如果不考虑学生对所学专业的兴趣,那么入学时打算读博、目前依然打算读博或者已经直博的学生所占比例为 78.9%,入学时和目前都不打算读博的学生所占比例为 13.3%,这两类学生的意向相对坚定。入学时不打算读博、但目前打算读博或者已经直博的学生所占比例为 2.6%,入学时打算读博、但目前不打算读博或者已经直博的学生所占比例为 2.6%,入学时不打算读博、目前不确定的学生所占比例为 2.6%,这三类学生的意向经历了转变。

总体来看,目前大多数的强基生有志于攻读所学专业或相近专业的博士学位,并在相应领域开展学术探索和研究。但不可避免的是,一些学生对于读博并不感兴趣或者依然没有明确自己的选择。92.2% 的强基生对于是否读博的意向在大学阶段相对稳定、没有发生显著变化,但也有 7.8% 的学生在大学期间的学术志向发生了从"无"到"有"或者从"有"到"无"的转向。

(二)强基生选择读博与否的原因

对于打算读博或者选择直博的原因,强基生之间存在显著的个体差异,归纳起来,主要有以下几种类型。

一是期望在相关领域深入探索。一些学生对所学的专业非常感兴趣,期望通过博士阶段学习进一步推进相关领域的研究。例如,有学生讲到自己选择专业和未来规划时指出:"学了这个专业后,我觉得对它的认识是加深了,起码我了解了博士阶段的研究方向有哪些、学术研究都是做什么的;尽管我还没有想好自己研究的大方向,但是我觉得在这个领域有进一步探索的欲望,觉得自己大有可为,所以未来我是会坚持做科研的。(2023-GC-S1)"有学生说:"科研在我心里排名一直是很高的,尽管不是最高。我想学的东西很多,不管是物理还是数学,我觉得课内学习完全没有达到我的边界,所以想博士阶段进一步深入一下。(2021-WL-S2)"也有学生刚入学时对所学专业的兴趣程度不大,但是在大学阶段对专业探索过程中,逐步发现了个人的研究兴趣,并选择了读博。例如,有学生说:"很难说我对物理感兴趣,从目前学院对未来研究生方向和研究领域的宣讲来看,我还是挺期待的;对于这个专业,我觉得我还是比较认可的,未来会想继续留在物理专业读。(2022-WL-S4)"有学生认为:"自己肯定是会搞科研的,但是本科阶段的科研参与还是远远不够的,需要至少读到博士毕业,这样才能做自己想做的研究。(2022-HX-S1)"

二是择业现实下为未来就业准备。这类学生更加侧重从就业方向来考虑个人是否需要读博(尽管不排除其他因素影响),尤其是在了解了本专业的未来发展前景以及毕业生的就业去向后。有学生对"本科后打算干什么"作出了这样的回答:"我打算尽量保研或直博,目前我对科研还没有一个实际的感受……读个硕士或博士的话未来竞争力强一些,毕竟我现在的专业本科毕业很难直接找到理想的工作,如果想找一份合适的工作,还是需要有这个学历的。(2023-GC-S2)""我对现在所学的专业不排斥,但也谈不上非常有兴趣,我是坚定地要读完博士,但是读完博士后要怎么做还要看博士阶段的成果以及对未来的各种各样的考虑。

(2021-GC-S2)""一方面对于科研的话会有一点的憧憬,怎么说都想要提升一下自己的能力;另一方面也是为未来做一些打算,现在就业环境下可能学历的层次高一点的话,未来选择的机会会更多一点。(2023-WL-S1)"

三是跟随"强基计划"走,没有明确的原因。这类学生对于为何读博、个人是否适合科研没有系统深入的思考,认为"强基计划"提供了这样一条直博的路径,可以顺着这条路线走下去。其中一些学生因为对专业和科研缺乏更多的认识,例如,有学生指出:"我对纯物理不感兴趣,感兴趣的是物理应用,所以说大概率会走科研这条路,但是具体留在本院还是去其他学院读博得看情况,现在无法确定。(2022-WL-S1)"也有一些学生因为"强基计划"的标签和个人没有明确兴趣而选择直博。例如,有学生提到:"因为'强基计划'更多偏向于学生未来读博和做科研,我以前对这个专业和行业认识得不太深入,也说不上来有多喜欢,但是觉得自己是可以读博士和做科研的,就选择了直博。(2021-GC-S1)"

此外,对于不选择读博或者还不确定是否要读博的学生,也给出了自己的理由。有一些学生经过大学阶段探索后,发现自己不适合本专业的科研。如有学生提到:"我对科研这个东西可能没有那么的热情或者天分,我的性格也可能不太适合坐'冷板凳',然后基础学科做科研有需要下功夫的,当初选择'强基计划'的时候觉得自己能战胜这个困难,但经过这一阶段的学习后,觉得自己还是要认清现实,结合实际情况来选择。(2021-HX-S1)"也有学生说道:"我对数学一直都很感兴趣、很喜欢,并且也愿意以后从事数学方面的工作,但是经过几年的专业学习后,我觉得我不适合做数学科研,也不会走学术道路,慎重考虑后选择从事数学教育方面的工作。(2020-SX-S1)"一些学生则是对所学专业不感兴趣,对科研更不感兴趣。例如,有学生指出:"我是被调剂到这个专业的,我对做科研不感兴趣,也不太擅长做实验,并且觉得现在这个专业领域的研究太过于微观,太过于机理化了,我对这些东西没有兴趣。(2021-SK-S1)""我本科期间加入了实验室,尝试过一段时间后觉得不太喜欢科研工作的生活节奏,同时觉得自己也不太适合做科研,此外觉得花五年时间去读博士的回报率不是很高。(2020-GC-S2)"有的学生则选择了本科毕业后进入硕士阶段学习,作为一个缓冲。例如,有学生在入学时对于是否走科研道路并无明确想法,通过三年多的专业学习后依然觉得自己的目标不确定,因此选择走中间道路进行过渡:"我当前的性格和学术能力都暂时不足以支撑读博士,所以申请了硕士,以后如果想读的话,可以在研二时申请硕博连读,也就是说给自己留一个退路。(2020-ZW-S1)"

(三)强基生学术志趣的影响因素

如果能够准确把握学生学术志趣形成和发展的影响因素,就有可能针对采取有效的教育方式,促进这些强基生的学术志趣向着理想或预期的方向发展。根据前文的综述,本研究主要关注课程学习、科研参与、同伴影响、导师支持等对强基学生学术志趣产生的可能影响。

1. 课程学习

"强基计划"实施后,一些试点高校的培养院系针对强基生或者面向所有的本科生开设了与科研有关的课程,这些课程帮助学生快速了解本学科专业领域的科研现状、学院导师的科研方向、科研所需技能,进而促使他们形成对学术科研的基本概念、推动学术志趣的形成或转变。例如,某高校的学生提到,"我们学院开设了一个科研研讨班的课程,邀请学院导师参加并分享他们的科研方向、科研经历等,学生了解之后就会发现自己可能会对哪些领域感兴趣以及能不能做相关的研究,进而自己去找老师参与课题组研究。(2020-SX-S3)"作为同一学院的强基生,有学生补充道:"当时学院院长给我们强基生上课,他先讲自己专业的知识,学生都可以说一下自己喜欢哪个方向,然后他就请哪个专业方向的老师过来给大家上一节课,让大家去了解这个方向。(2020-SX-S2)"另一所高校的学生提到他们学院开设了科研轮转的课程,"我们学院针对强基生开办了一个科研轮转的实验课,就相当于学生可以进不同的科研组去看看真实的科研环境,然后可以和自己感兴趣的老师进行沟通,我感觉这种课程挺好的,本院其他专业的同学都特别羡慕这种课程。我因为参加科研轮转,尝试了两个课题组的轮转项目,就慢慢地找到了自己可能比较想要继续从事的科研方向,觉得受益匪浅。(2020-WL-S3)"

当然,学生也对学院开设的专业课程进行了评价,不少学生反馈任课教师的学术水平很高,但是上课的水平却不行,导致他们从课程中的收获不多,不得不靠自学来完成相应课程的学习。例如,学生指出:"很多专业课的老师讲的课都不好,上课的时候如果是自己导师的课就听一听,如果是不认识的老师讲,我一般就挑后排座位干自己的事,基本上所有的课都是自学,我自学能覆盖到很多老师讲的内容甚至老师没讲到的内容。(2020-SK-S2)""一般学生选课的时候都会通过论坛或者向学长打听哪些课程的老师教得好。但是我们专业课没有办法选老师,因为只有他教这门课。比如说我们基础课有一位老师,他的学术水平确实令人十分敬佩,但是教学水平实在不行,给我们的成绩评定也有问题,大家私下都在吐槽,上他的课还不如直接看录播。(2020-WL-S1)"

也有一些学生反馈学院针对强基生设计的课程不够完善,未能达成政策文件许诺的那种。如有学生评价"强基计划"政策需提升的地方时提到:"我们'强基计划'一开始进来的时候说会有更多方向给我们选择,但实际上对课程设置而言,还是主要聚焦在传统生物上,对于一些不明确自己规划的学生也许是可以的,但是对于我们有比较明确选择的同学来说则不太适合。如果学院能够在我们入学时就把赛道划分得更清晰一些并设置合理的课程结构,可能对我们未来的发展帮助更大。(2020-SK-S3)"也有学生讲:"我们的专业会涉及临床医学的内容,但是又不会讲到那个深度,就是处于表面了解的状态。生物和医学专业两方面的内容在我们的课程上都会有涉及,但是边界在哪里、学到什么程度是不清楚的,至今我都不明确我们到底要掌握什么、往哪个方向走。(2020-SY-S1)"

本科阶段的课程学习(尤其是专业课程)为学生了解专业领域的知识体系、掌握必备的研究技能以及形成学术品行等提供了基础支撑。一些"强基计划"试点高校的相关院系高度重视通过建构课程体系、设置专门科研课程等方式为强基生的科研探索提供必要的支持,但是不可忽视的是,课程设置的针对性不强、课程教学的质量不高依然是制约强基生获得专业认可、明晰专业方向的重要因素。

2. 科研参与

有一些强基生在进入"强基计划"并明确个人的科研兴趣的情况下,本科学习过程中主动"出击",联系本学院或者其他学院的导师参与科研项目,这些项目经历有助于他们了解科研的方向、锻炼科研的技能以及明确个人的规划等。例如,有学生在讲述自己的科研参与经历时提到:"我本科期间做过几段科研,跟几个我比较感兴趣的领域的老师都聊过。然后当时跟着其中的某个老师做科研,感觉自己学不到东西后就会换导师。现在的导师是当时教过我课的,我觉得他很不错,对我也比较欢迎。跟着他做过一段时间科研后,感觉蛮有意思并且可以继续做下去,刚好处于升学的时间节点,就选择跟着他读博士了。(2020-WL-S2)"也有学生对大学阶段的科研经历进行了思考,认为:"如果本科阶段能深入到一些项目中去,可能会积累一些科研技巧,同时对整个专业有个相对清晰的认知,促使个人很快清楚适合哪个方向、不适合哪个方向,这样的话进入博士阶段后就不会很痛苦。(2020-WL-S3)"

一些学生则在学院的建议支持下,主动去联系导师参与科研项目,以增加自己的科研经历,在这个过程中逐步明确科研的领域。例如,有学生提到:"强基生有本科生导师,我们学院就对我们说要早点去找导师、早点接触类似 PRP(Participation in Research Program,本科生研究计划)或大创等项目,鼓励我们早一些进入这些科研项目中去。因此,我们强基生基本上从大一开始就进了实验室并且每个实验室基本都会去(当然也有一些学生不积极去参与),导师们对本科生换项目组也没有多大的意见。像我的话大一就加过3个实验室,在实验室干了一些项目后,对这个学科积累了很多的感性认识,就想着之后接着继续干。(2020 - SK - S2)""我参加的课题组科研氛围都特别好,在这些组里让我觉得原来做科研是一件很快乐的事,在这个过程中我学到了很多科研技能(老师们会安排有经验的学长来教我们实验技能),并且觉得未来这个方向可能适合我。(2020 - WL - S3)"

另一些学生则选择参与大学生创新科研项目、PRP 等针对本科生的科研项目并邀请导师来指导的形式,探索科研过程。如有学生提到:"大创项目是自己研究一个东西,和参与导师的课题不一样;如果参与导师的课题,一般都是做最基础的工作,根本锻炼不到什么,还不如自己读文献,收益比较少。我就偏向申请大创项目,在自己做的过程中去探索,发现自己感兴趣的领域。(2020 - GC - S1)"

本科生正处于对学科知识的学习和学术研究的探索阶段。通过参与老师的科研项目或者自己组织科研项目,这些强基生了解到相应领域的学术方向和科研技能,并通过实践探索去发现个人到底能不能做科研,从而对个人的意向和能力进行重新定位,并最终做出是否要从事学术研究的决定。

3. 导师指导

导师指导是影响本科生学术志趣的一个重要因素,其中导师的学术引领和情感支持对学生学术志趣的显著正向影响作用被多数研究所证实。在导师的学术引领方面,不同学生谈到本科阶段导师的不同特质对他们产生的影响,例如,有学生谈道:"像我们学科,对于本科生来说,其实很多东西都会有很高的技术壁垒,但是这个老师交给我做的东西,现阶段其实是可以花一两个月完成的;同时他对学生的发展也是比较有规划的,能够给我提供很切实的指导,所以我觉得如果可以的话,我毕业论文设计和直博都找他,就这么一路下来的这种。(2020-WL-S2)""老师会一开始给我安排任务或者发文献给我阅读,在阅读的过程中,我进一步体会到科研工作的魅力,这对我来说影响还挺大的。(2020-WL-S3)""我们数学系的老师给我留下了深刻印象,他们有深厚的学术功底,同时也有令人敬佩的人格魅力,比如我们数学专业课的几位老师,他们会时不时地点醒我们,无意间的话都令人深思,这些为我了解数学方面的道理提供了很多帮助。(2020-SX-S3)"

在导师的情感支持方面,导师对学生的关怀以及导师的人格魅力、品质是影响许多强基生做出选择的因素。例如,有学生在本科阶段选择主动联系其他学院的导师做科研,谈到导师时,他描述道:"我选择的导师很年轻,来这所大学没多久,他的科研能力很强,对学生也都是掏心掏肺的那种。学长们对他的评价也很好,整个课题组的氛围也特别活跃,我觉得这种氛围是完全超乎我预料的那种。他会带我们学生写论文、参加国际会议等,接触了大概半年的科研,整个过程真的超级好。(2020-SX-S2)"有学生谈到自己找的科研导师时讲道:"我们课题组的氛围比较好,导师的学术品行也很好,会指导我如何开展研究,所以我想留在这个组继续做科研。(2020-SK-S3)"

在科研活动中,教师和学生形成科研实践共同体,学生在专家教师的指导下完成有挑战性的任务,从中习得研学态度和价值信念。[1] 学生在科研参与活动中获得来自导师和教师的支持越多,学习的体验和收获就越多,同时对专业领域科研的认同感可能就更强,这有助于增强他们攻读研究生学位的能力和信心以及形

---

[1] 万芮.科研参与如何影响理工科拔尖学生的学术志趣——基于7所顶尖大学的调查数据[J].湖南师范大学教育科学学报,2023(1):78—88.

成个人的学术志趣。但在调研中,一些学生也反映了学院的本科生导师制形同虚设,个人很少与导师进行沟通以及导师未能提供有效指导等问题。"名义上我们会有一个导师,但是我认为这是政策中一个模棱两可的话,政策对老师这方面并没有给出一个强制性要求,就算给我们分配了这样一位导师,如果你不自己去联系的话,就没有实质性的进展,据我了解大部分同学是这样的情况;但是如果你去主动联系的话,他和一位普通的本科生自己选导师、主动联系导师,并没有太多区别。(2022-WL-S1)"一些学院则是通过双选来匹配强基生和导师,理想状况下这种匹配结果更可能促进导师和学生的互相了解和沟通,但实际实施过程中却存在同样的流于形式的问题。"我们学院希望每个学生在本科期间找一位导师指导,也鼓励我们去找相近学院的导师(对强基生来说更是如此)。但事实上这个导师不怎么管你,也没有硬性要求他们管你,我大二下学期找了一位导师,但是老师就让我看一些书,也没有深入地参与某个课题中,所以了解得不是很深,也没有很多收获,当然可能也与我水平有限有关。(2021-WL-S2)"也有学生指出:"大一下学期的时候,学院给我们一个导师名单让我们自行选择导师,填了三个导师,然后根据志愿最后确定导师。我们与导师的交流主要看老师的地位、重视程度,最开始有一个强制性的交流过程和一次反馈活动,但是到后面没有跟进得那么紧。我导师是做理论物理的,我很少能够参与,所以和老师的沟通不多。(2022-WL-S3)"

五、结论建议

(一) 研究结论

本章借助对一些试点高校近40名不同年级、不同学科专业的强基生进行的访谈数据,考察了他们的学术志趣总体状况、影响读博意愿或行为的原因以及学术志趣形成发展的影响因素。结果发现:八成以上的强基生有志于攻读所学专业或相近专业的博士学位,并在相应领域开展学术探索和研究(入学时打算读博、目前依然打算读博或者已经直博的学生所占比例为78.9%),但也有少部分强基生从入学就没有做学术的兴趣和学术志向。学生选择本科毕业后攻读博士学位的原因是多方面的,其中对所学专业感兴趣、期望在相关领域深入探索,在竞争激烈的择业现实下通过获得博士学位为未来就业做准备,以及跟随"强基计划"政策安排走、受班级其他强基生的影响等是主要原因。在强基生学术志趣形成和发展的影响因素方面,旨在让强基生了解科研现状与导师研究方向的科研特色课程、本科阶段学生参与老师课题组的科研活动、导师在学术方面的规划引导以及在情感方面的支持等,是促进强基生明晰科研方向、形成学术志趣的重要因素。然而在试点高校院系培养过程中,也存在课程设计不合理、教师教学能力不足、导师制形同虚设、学生科研参与深度不够等问题,制约着强基生对专业的认同以及对学术的认知。

(二)政策建议

基于前文结果,针对如何培养与提升强基生的学术志趣,本部分提出从教学模式、教师指导、科研参与机会等方面为强基生提供系统支持。高中生通常对学科和专业的逻辑和规律认识不够深刻、自身的学术偏好也处于不稳定的摆动之中[1],多数高中学生的自我认知还不成熟,对自我的认识局限在兴趣爱好、优势劣

---

[1] 阎琨,吴菡."强基计划"实施的动因、优势、挑战及政策优化研究[J].江苏高教,2021(3):59—67.

势、能力特长等浅层方面,对未来将要从事的职业缺乏了解和准备等[1][2],而大学阶段是学生专业兴趣和学术志趣养成的关键时期,入学初期对所学专业不感兴趣的学生通过大学专业学习极有可能形成强烈的专业兴趣和专业志向,因此如何引导强基生对基础学科专业形成或维持浓厚的兴趣,进而转化为稳定的学术志趣和职业志趣,是每一所试点高校面临的重要课题。根据已有研究,"拔尖计划"学生培养的关键在于建构探究性教学模式,探究性学习对"拔尖计划"学生构建学术理想发挥了重要作用;[3]同时,"拔尖人才培养中至关重要的因素是身边有科研水平杰出甚至堪称学术领袖的教师"[4]。这启示我们,在强基人才培养过程中,试点高校及相关院系应为学生的成长提供相对宽松的环境和充分的资源支持。

一是课程建设。一方面设置具有挑战性的课程,并通过研讨式教学、探究式教学、案例教学等多种方式,引导强基学生开展深层次学习和合作学习,激发他们对所学基础学科专业的学习兴趣和探索热情。同时,着重优化强基生的课程设计,提升任课教师的教学能力,提高学生参与课程的获得感。另一方面可以开设像"科研轮转""未来学者计划"之类的课程,为本科生提供了解本学科科研领域、学院导师科研方向的机会,让强基生尽早了解科研。

二是重视发挥榜样示范的力量。一方面落实好强基生的全程导师负责制,遴选并为学生配备优秀且真正负责任的教师指导团队,指导学生的学业规划和学术规划,为他们的科研活动过程提供充分的资源支持和指导建议,使得强基生真正有机会沉浸于科研探索的过程。另一方面搭建本科生与高年级学生、优秀校友等

---

[1] 马林,谢萍,徐群.高中生涯规划指导的系统性与有效性探究——基于对安徽若干所高中的调研[J].安徽师范大学学报(人文社会科学版),2019,47(5):148—157.
[2] 樊丽芳,乔志宏.新高考改革倒逼高中强化生涯教育[J].中国教育学刊,2017(3):67—71.
[3] 路丽娜,刘隽颖."拔尖计划"学生拔尖在何处[J].高等教育研究,2019(11):79—85.
[4] 陆一,史静寰.拔尖创新人才培养中影响学术志趣的教育因素探析——以清华大学生命科学专业本科生为例[J].教育研究,2015(5):38—47.

沟通互动的平台,借助交流研讨、信息沟通等形式帮助强基生深入、全面了解基础学科专业,并适当地将科研资源向有助于从事学术研究的学生倾斜,促使强基生形成正确的专业认知并增强他们的专业认同感和学术使命感。

第八章　"强基计划"学生的职业价值观水平

一、研究问题提出

　　为了实现"强基计划"为国家选才育才的重大使命,试点高校纷纷制定了服务国家重大战略需求的政策实施目标。如中山大学提出"选拔一批有志向、有兴趣、有天赋,以'德才兼备、领袖气质、家国情怀'为成才目标,以'立报国大志,做强国大事'为人生追求的青年学生进行专门培养,为国家重大战略领域输送后备人才"[1]。这意味着相比其他招生方式,"强基计划"既强调学生对基础学科的兴趣专长,还重视他们扎根基础学科的长远志向和责任意识等,即首次将拔尖人才的道德品质和对国家与社会的责任感提升到专业能力同等甚至更加重要的位置上。[2] 那么,在试点实施过程中,选拔和培养出来的学生是否具有社会责任意识值得关注和探讨,而这也是评判"强基计划"政策实施成效的一个重要维度。然而,截至目前,除了个别研究者调查了初入学的强基生在基本特征、专业兴趣、综合能力等方面表现外[3],较少有研究对这些强基生的职业发展态度和倾向进行深入的

---

[1] 中山大学2021年强基计划招生简章[EB/OL].(2021-04-06)[2021-07-26]. http://admission.sysu.edu.cn/f/newsCenter/article/1387332.htm.

[2] 阎琨,吴菡,张雨颀.社会责任感:拔尖人才的核心素养[J].华东师范大学学报(教育科学版),2021,39(12):28—41.

[3] 崔海丽,马莉萍,朱红.谁被"强基计划"录取?——对某试点高等学校2020级新生的调查[J].教育研究,2021(6):100—111.

分析和评价。

评价大学生社会责任意识的维度和指标有多种,结合"强基计划"政策目标,本章用职业价值观进行衡量。职业价值观是人们对待职业的一种信念、态度和倾向[1],即采取什么样的态度来对待社会价值和自我价值,并做出选择与追求。[2] 职业价值观是个体价值观在职业问题上的反映,能够潜移默化大学生的专业选择、职业规划,对工作的满意度、工作稳定性和表现等[3][4][5],如重视帮助他人能够预测青少年计划进入与服务或健康相关的职业岗位,重视职业声望则预测他们并不期望进入服务性工作岗位。[6] 由于"强基计划"招生专业是数学类、考古学类等非社会就业"热门"学科,这些强基生持有怎样的职业价值观,既能在一定程度上体现他们的价值和理念,也反映着其对待学科专业以及进行职业选择的态度和倾向。基于此,本章主要运用对一些试点高校不同年级、不同学科专业强基生的访谈数据,分析他们的职业价值观状况,侧面评价"强基计划"选拔和培养效果,为未来基础学科拔尖人才的培养提供针对性的实施建议。

---

[1] 凌文铨,方俐洛,白利刚. 我国大学生的职业价值观研究[J]. 心理学报,1999(3):342—347.

[2] 康廷虎,王晓庄. 大学生的择业价值取向与求职自我效能感[J]. 中国心理卫生杂志,2008(7):475—479.

[3] 岳海洋,盖钧超,周全华. 基于需求层次理论的大学生职业价值观研究[J]. 思想理论教育,2014(10):85—89.

[4] Brown D. The Role of Work and Cultural Values in Occupational Choice, Satisfaction, and Success: A Theoretical Statement [J]. Journal of Counseling and Development, 2002,80(1):48-56.

[5] Dawis R. Person-environment-correspondence Theory [J]. In: Brown S D. Career Choice and Development [M]. 4th ed. San Francisco, CA: Jossey-Bass, 2002.

[6] Eccles J S. Understanding Women's Educational and Occupational Choices [J]. Psychology of Women Quarterly, 1994,18(4):585-609.

二、相关文献综述

(一) 职业价值观的结构分类

目前学界关于职业价值观的结构存在二分法、三分法、四分法、多分法等分类维度。弗雷德里克·赫茨伯格(Frederick Herzberg)等人最早将职业价值观分为内在价值和外在价值两类,内在价值聚焦技能运用的机会、自我导向等,外在价值聚焦外部奖励(如高收入);[1]米尔顿·罗克奇(Milton Rokeach)划分为目的性价值观(与个体追求目的有关,如成就感)和工具性价值观(个体为达成目的性价值而偏爱的手段或行为模式,如自我约束)两类;[2]金盛华和李雪则将其划分为目的性价值(含成就实现、社会促进等4个因子)与手段性价值(含轻松稳定、薪酬声望等6个因子)。[3]

一些学者将职业价值观分为三个维度。如唐纳德·E.舒伯(Donald E. Super)认为职业价值观的结构包括内在价值、外在价值和外在报酬;[4]克莱顿·P.奥尔德费(Clayton P. Alderfer)划分为内在价值、外在价值和社会价值,其中社会

---

[1] Herzberg F, Mausner B, Snyderman B. The Motivation to Work [M]. New York: John Wiley & Sons, 1959.
[2] Rokeach M. The Nature of Human Values [M]. New York: Free Press, 1973.
[3] 金盛华,李雪.大学生职业价值观:手段与目的[J].心理学报,2005(5):650—657.
[4] Super D E. The Structure of Work Values in Relation to Status, Achievement, Interests, and Adjustment [J]. Journal of Applied Psychology, 1962(46):231-239.

价值超越了外在报酬的涵盖范围,更加强调职业价值观的社会意义;①斯蒂芬·沃尔拉克(Stephen Wollack)等人将其分为内在因素、外在因素和混合因素三类;②凌文铨等人则划分为声望地位(如晋升机会多)、保健(如可靠的医疗保险和退休金)和发展(如所学专业能派上用场、能充分发挥自己才能等)三类。③

一些学者进一步将职业价值观分为四个维度。例如,苏尔基斯(Surkis)认为职业价值观由内在价值、外在价值、社会价值和威望价值四类构成。④ 施瓦茨(Schwartz)将其划分为内部或自我实现价值观(如自主、兴趣)、外部或物质价值观(如报酬、工作环境)、社会或关系价值观(如与他人互动、为社会作贡献)、地位或权力价值观(如声望、影响力)。⑤ 金盛华等人根据"个体-集体"和"维护-发展"两个维度,将职业价值观划分为地位追求、家庭维护、成就实现与社会促进四类。⑥ 也有学者提出职业价值观包含五个或六个维度,如郑伦仁等认为进取心、自主性、工作安全、声望和经济价值是影响大学生职业价值观的五个要素。⑦ 勒蒂(Melanie E. Leuty)等人提出职业价值观包含工作环境、工作挑战性、地位收入、自主、组织支持和人际关系六要素。⑧ 金一鸣等人将职业价值观划分为发挥个人特

---

① Alderfer C P. Existence, Relatedness and Growth: Human Needs in Organizational Settings [M]. New York: Free Press, 1972.
② Wollack S, Goodale J G, Wijting J P, et al. Development of the Survey of Work Values [J]. Journal of Applied Psychology, 1971(55):331 – 338.
③ 凌文铨,方俐洛,白利刚. 我国大学生的职业价值观研究[J]. 心理学报,1999(3):342—347.
④ 周峰. 大学生职业价值观内部结构探析[J]. 河北大学学报(哲学社会科学版),2015(1):135—139.
⑤ Schwartz S H. Universals in the Content and Structure of Values: Theoretical Advances and Empirical Tests in 20 Countries [J]. In: Zanna M. Advances in Experimental Social Psychology, Orlando [M]. FL: Academic Press, 1992,25:1 – 65.
⑥ 金盛华,李雪. 大学生职业价值观:手段与目的[J]. 心理学报,2005,37(5):650—657.
⑦ 郑伦仁,窦继平. 当代大学生职业价值观的定量比较研究[J]. 西南师范大学学报(哲学社会科学版),1999(2):70—75.
⑧ Leuty M E, Hansen Jo-Ida C. Evidence of Construct Validity for Work Values [J]. Journal of Vocational Behavior, 2011,79:379 – 390.

长、个人的兴趣爱好、社会贡献、职业的社会地位、工资福利待遇和工作条件。[①]

总体来看,国内外关于职业价值观的内部结构尚未达成共识或形成定论,从不同视角分析有着不同的划分标准。尽管存在众多分类,但至少三类职业价值观受到普遍认可,即内在价值、外在价值和社会价值。其中,内在价值观是指个体对自我成长、兴趣特长和能力发挥等的重视和偏好;外在价值观指个体对经济收入、工作安定性、福利待遇等的重视和偏好;社会价值观指个体对与他人合作、为社会作贡献等的重视和偏好。[②]

(二) 本科生职业价值观状况

自20世纪90年代以来,国内外不同学者对大学生的职业价值观状况开展了广泛调查。鉴于调查对象、调查时间以及测量维度的不同,测评结果也存在一定差异。一些研究结果表明,大学生对自我发展和社会贡献价值的重视程度较高。如马修·J.梅休(Matthew J. Mayhew)等人发现,内在价值观和社会价值观是大学生普遍重视的社会价值观;[③][④][⑤]于海生等人调查发现,大学生对职业稳定、工作

[①] 金一鸣,黄克孝,斯福民.中学生的职业定向——上海市几所市区中学的调查[J].教育与职业,1987(1):31—37.

[②] Duffy R D, Sedlacek W E. The Work Values of First-Year College Students: Exploring Group Differences [J]. The Career Development Quarterly, 2007(55):359-364.

[③] Jensen K, Aamodt P O. Moral Motivation and the Battle for Students: The Case of Studies in Nursing and Social Work in Norway [J]. Higher Education, 2000(44):361-378.

[④] Mayhew M J, Seifert T A, Pascarella E T. A Multi-institutional Assessment of Moral Reasoning Development among First-year Students [J]. The Review of Higher Education, 2010,33(3):357-390.

[⑤] Cortés P A. Work Values among Teacher Training Students in a Spanish University: Symbiosis between Schwartz and MOW [J]. European Journal of Education, 2009,44(3):441-453.

保障、福利待遇有着强烈渴求,但同时对自我价值实现的要求较强,期望努力为国家为社会多作贡献。[1] 另一些研究则指出,大学生较看重外在价值和内在价值,而对社会价值的重视程度不够。如颜文娟指出,近三分之一的被调查大学生选择个人兴趣、发展机会,而把社会需要放在优先考虑因素的不到10%,体现职业价值取向多元化、职业评价标准倾向务实等特征。[2] 瑞安·D. 达菲(Ryan D. Duffy)和威廉·E. 塞德拉克(William E. Sedlacek)同样发现,大学生首先更倾向内部价值观,其次是高薪水,再者才是有助于社会、声望。[3]

此外,一些研究基于不同的比较维度讨论了大学生职业价值观情况:第一类考察了不同学科大学生的职业价值观差异。如文森特·卡萨(Vincent Cassar)等学者指出相比人文社会科学专业,应用科学专业的大学生更重视自我提升和社会认可价值观;[4] 伊斯梅尔·阿布-萨阿德(Ismael Abu-saad)和理查德·E. 伊斯拉洛维茨(Richard E. Isralowitz)则发现相比应用科学专业,人文社会科学的学生更重视开放性变化(如智力挑战、多样性、兴趣)和自我超越价值(如社会贡献)。[5] 艾迪特·本-闪姆(Idit Ben-Shem)等人指出尽管医学和自然科学专业、应用科学专业的学生均重视自我提升价值,但医学和自然科学专业的学生更为重视自我超越价值(如社会贡献、利他主义和工作责任感),应用科学专业的学生更加关注安全、

---

[1] 于海生,伍阿陆,程瑞芸. 大学生职业价值观调查研究[J]. 教育发展研究,2011(23):79—82.
[2] 颜文娟. 当代大学生职业价值观现状与教育对策研究[D]. 济南:山东师范大学,2017.
[3] Duffy R D, Sedlacek W E. The Work Values of First-year College Students: Exploring Group Differences [J]. The Career Development Quarterly, 2007(55):359-364.
[4] Cassar V. The Maltese University Student's Mind-set: A Survey of Their Preferred Work Values [J]. Journal of Education and Work, 2008, 21:367-381.
[5] Abu-Saad I, Isralowitz R E. Gender as a Determinant of Work Values among University Students in Israel [J]. Journal of Social Psychology, 1997, 137:749-763.

低责任和合作关系等。①② 第二类研究分析了不同时期大学生的职业价值观变化情况。如凌文铨等人指出,随着时代变迁和市场经济发展,我国大学生的择业标准也在不断改变,从过去单纯"实现自我价值"到"自我发展与物质利益并重"。③ 第三类研究比较了不同阶段学生的职业价值观差异情况。如李颖等人调查指出本科低年级(大一、大二)学生更为关注个人才能发挥以及符合个人兴趣,但本科高年级学生更期待福利待遇;④金京(Jin Jing)和詹姆斯·朗兹(James Rounds)等人指出,学生在大学阶段的职业价值观稳定性水平较低,整体来看更重视内在价值观而忽视其余价值观,初职时期他们对外在价值观的重视程度不断增加,但对其他价值观的重视开始下降。⑤⑥

目前关于大学生的职业价值观倾向的结论存在差异,但结合职业价值观的理论来看,职业价值观呈现多元的而非单一的、变动的而非稳定的特征,这对于我们分析强基生的职业价值观情况以及针对性地引导和培育学生正确的职业价值观具有重大参考价值。因此,本章聚焦强基生的职业价值观问题,考察试点高校强基生在职业价值观上的表现特征,为完善高校的职业价值观教育对策和引导强基生树立科学合理的职业价值观提供相应建议。

---

① Ben-Shem I, Avi-Itzhak T. On Work Values and Career Choice in Freshmen Students [J]. Journal of Vocational Behavior, 1991,39:369-379.
② Hagström T, Kjellberg A. Stability and Change in Work Values among Male and Female Nurses and Engineers [J]. Scandinavian Journal of Psychology, 2007,48:143-151.
③ 凌文铨,方俐洛,白利刚.我国大学生的职业价值观研究[J].心理学报,1999(3):342—347.
④ 李颖,王文杰.大学生职业价值观现状及其培育——基于北京地区5所高校大学生的调查研究[J].思想教育研究,2017(2):118—121.
⑤ Jin J, Rounds J. Stability and Change in Work Values: A Meta-analysis of Longitudinal Studies [J]. Journal of Vocational Behavior, 2012,80(2):326-339.
⑥ Twenge J M, Campbell S M, Hoffman B J, et al. Generational Differences in Work Values: Leisure and Extrinsic Values Increasing, Social and Intrinsic Values Decreasing [J]. Journal of Management, 2010(36):1117-1142.

三、分析策略

职业价值观被分为三类:社会责任观、个体价值观、经济考量观,指征职业价值观的社会价值观、内在价值观和外在价值观三个维度。在本章研究中,社会责任观由"有助于社会的可持续发展""做对社会发展有意义的事情"和"帮助他人"3个题目测量;个体价值观由"促进自我发展""做自己感兴趣的事情"和"发挥我的天赋和能力"3个题目测量;经济考量观由"获得一份有保障的工作"和"获得高薪的机会"2个题目测量。每道题由低到高取值1—3,1表示"不重要",2表示"比较重要",3表示"非常重要"。

受数据搜集的限制,本章对强基生职业价值观的分析主要采取以下方式:一是在与受访者进行一对一或多对一访谈时,现场由受访者填写上述量表,就他们选择第一份职业时的考虑因素进行描述和评价。二是在受访者填写完量表后,访谈者就受访者的填答情况进行追问,以了解受访者选择背后的深层原因和他们的思考。在分析时,一方面对这些受访者的量表填答情况进行简单的描述统计,呈现这些学生职业价值观的概貌;另一方面运用访谈者的回答情况总结观点或者进行个别阐述。

四、分析结果

(一)强基生的职业价值观水平

图8-1展示了调查样本强基生的职业价值观水平,其中个体价值观的评分最

高(2.52),处于"比较重要"和"非常重要"之间,表明这些强基生选择工作时较为重视个人发展、天赋和能力等的实现。其次,经济考量观的平均值达到2.27,略低于个体价值观,同样处于"比较重要"和"非常重要"之间,表明除了个体价值的体现外,这些强基生也较为重视稳定有保障的工作,以及获得客观的经济收入以满足生活需求。强基生的社会责任观评分均值为1.92,处于"不重要"和"比较重要"之间,低于个体价值观和经济考量观的评分均值,相比于其他两类,强基生对社会贡献、帮助他人的重视程度不高。

图8-2进一步比较了人文学科强基生和理工医学科强基生的职业价值观水平差异。结果显示:人文学科强基生的个体价值观、社会责任观评分均值分别为2.89、2.44,高于理工医学科强基生的评分均值2.48和1.86。同时,人文学科强基生的经济考量观评分均值(2.00)低于理工医学科强基生的评分均值2.30。这一结果表明,相比较来看,人文学科强基生选择未来工作时,更加重视个体价值的实现以及对社会发展和他人的贡献;理工医学科强基生则更为重视个人发展的价值以及经济收益价值。

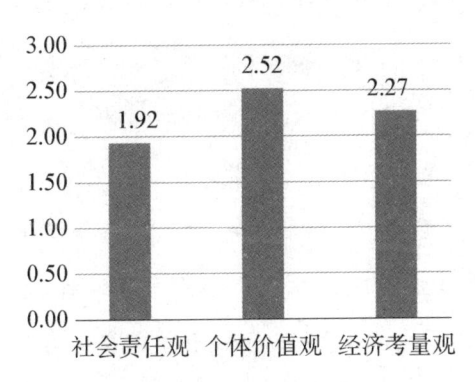

图8-1 样本学生的职业价值观水平

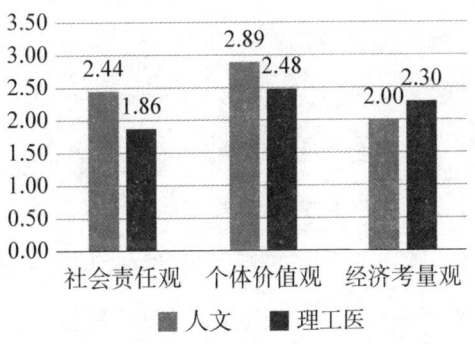

图8-2 不同学科学生的职业价值观比较

（二）强基生对个体价值的考量

样本学生选择未来工作时将个体价值的实现置于非常重要的地位，且对于人文学科强基生和理工医学科强基生来说都是如此。本部分对访谈资料进行分析后发现，这些学生主要是基于以下一些因素而选择将个体价值实现置于择业的重要甚至首要因素。

一是基于个人潜能和能力等发挥的角度，一些学生将个体价值置于最为重要的地位。例如，有学生提到："我觉得这些没有特别不重要的，但是我特别看重自我发展，然后是发挥兴趣、天赋和能力，我觉得我需要在工作中找到意义感。(2021-SK-S1)""我比较希望能持续获得这种自我认同感，也就是说自己认可自己，认为自己确实在做一件有意义的事情；当然在做这个事情的过程中，自己确实有所收获。(2020-SX-S4)"

二是从运用所学知识和能力的角度，考虑工作时的个人价值发挥因素并将个体价值放置在重要位置。例如，有学生指出："目前很多就业的职位跟学习的专业其实是完全不匹配的，很多像学计算机学那种；其他一些专业的同学则会热衷于考公务员，进到公务员体系里面去，其实我觉得这不是一件非常好的事情。我觉得如果不能把大学里所学的专业发挥出来，那么除了拿个文凭外，读这个大学有什么意义？我觉得这一点对我来说是非常重要的一个事情，就是把所学知识转化成一些成果并应用到工作中去，我觉得这个才是选择在这个专业学习的目的。(2020-SK-S1)"也有其他学生同样有类似看法："我个人认为工作要跟我们自己所学的专业相匹配。大家都读这么多书，要用到工作上发挥自己的长处，这能够同时锻炼自己的能力。(2020-WL-S6)"

三是从锻炼能力、积累经验的角度，一些学生分享了他们为何重视选择那些体现个人价值的工作。有学生剖析指出:"第一个是我这个人比较上进,我想追求自我进步。第二个是既然这是第一份工作,我觉得积累经验和培养到社会中工作的能力是挺重要的,为了未来的职业发展也好,为了未来的生活也好,这其实都非常重要,所以我比较重视工作能促进自我的发展和个人能力的发挥。(2020 - GC - S1)""我个人还是有一些希望,即如果做某项工作,我的能力能胜任这份工作,以及做这份工作能稍微提升一下自己的能力。目前内卷现象比较严重,所以我希望自己能更强一些,关于帮助他人和做对社会发展有意义的事情,不是觉得不重要,而是按优先级排到后面了而已。(2020 - SK - S3)"

四是从工作动力的角度来考虑,部分学生认为只有那些能够发挥个人价值的工作才能够促使自己产生工作的动力。例如,有学生指出:"如果在一个岗位上学不到什么东西的话,我会觉得这个工作不是很有意思,然后自己就不会有工作动力。但是如果一个工作可以让我自己得到一些成长,那么我就会有很多工作的想法了。(2020 - GC - S2)"有学生从工作坚持性的角度指出:"如果做一些我更擅长的事情的话,我感觉对我的正反馈应该会有更多;如果我做一个自己喜欢事情的话,我感觉自己更加容易坚持下去。但是,如果无论怎么用劲努力都没有什么收获的话,我就不会坚持下去;其实我自己本身也容易'摆烂',也即如果不喜欢的话就干脆'摆烂'。(2020 - WL - S4)""我个人就是如果做不感兴趣的事情,效率会挺低;如果是感兴趣的事情就不会有这个问题。在发挥天赋和能力方面,我觉得可能我在很多方面没有什么天赋,但总还是希望会有一些好的地方能用上,而不是做一个非常无聊的工作,然后就把它浪费掉。(2020 - ZX - S1)"

进一步地,有的学生认识到自我发展比较重要,就在大学阶段为打造自己的实力而做出各种努力。例如,有学生提到:"除了学业上努力一些外,生活方面我也注重参与多种活动,比如说社团的活动就多去干;然后也打算去接触一些创业方面的东西,就是想尝试一些没有尝试的事情。(2021 - GC - S2)"

（三）强基生对经济因素的考量

找的工作是否稳定有保障、获得高薪和社会地位，是很多学生在未来职业选择时考虑的一些关键因素。前文分析表明这些被访谈的强基生普遍重视工作的经济价值，但是人文学科和理工医学科的强基生有所不同，体现了他们看法存在差异。在访谈中，多数强基生描述了他们为何重视工作的稳定性和高收入。

一些学生从个体生存的角度阐述了个人重视工作的经济因素的原因。如部分学生直言："我觉得如果找工作，还是得先为自己着想。（2021-GC-S1）""这是很现实的事情，所以我会把它放在很重要的位置，毕竟我要生活。（2020-ZW-S1）""我觉得找的工作总还是要支撑自己的生活，所以收入肯定是很关键，没有收入，没有办法去支撑正常生活了。（2020-SK-S1）""我觉得能过活就行，先过好我自己的，因为其他的点（比如社会贡献）不在我的能力范围内。（2020-SX-S3）""首先这是一份工作，我得首先有钱，所以对收入最感兴趣；其次是我感不感兴趣，如果是一个我不感兴趣的东西，我大概率对它的了解就不够深入，我可能也拿不到这份工作，所以感兴趣肯定也是非常重要的。（2020-SK-S2）"另有一些学生对经济因素的不同维度（如稳定、高收入）进行比较，明确了个人更为重视工资收入水平的原因（相比工作的稳定性）。如有学生说："我就觉得风险大一点没有关系，但是工资还是不能太少。（2020-WL-S6）"

也有一些学生比较了社会责任和个人需求之后，将工作的个人回报价值置于重要位置。"比如说我们喜欢谈什么奉献和帮助他人，就很喜欢强调这些东西；但是我个人不是很喜欢，我觉得这种东西不需要怎么说，需要个人出于自己的主观能动去帮助他人而不是说别人要我帮助他人，或者说他能给我带来什么好处，所以我才会去帮助他人。我觉得首先得满足我自己的需求，其他的就是出于我的主观能动可能会去帮助他。(2020-SX-S3)"

当然,也有部分学生并未将收入和待遇等置于工作选择的首要位置。这些原因可以归纳为以下几类。

(1) 一些学生通过不同价值观的比较后,认为尽管工作的经济价值很重要,但并不是最重要的。例如,有学生表明:"获得可观的收入对我来说可能没那么重要,因为我确实对收入的要求没有那么高,就不会说想要像有些同学一样,就想一定要达到多么高的薪酬水平。我觉得只要能维持我的生活需求就够了,我不会需要额外的经济来提供那种物质享受,精神上的丰盈对我来说是更重要的。(2021-WL-S3)""我当然是希望有一个稳定有保障的工作,但对于我来说,可观的收入可能没那么必要,因为我家没有那么富裕,所以我的消费水平也没有那么高。我需要的是在满足自身需求的同时能够帮助他人。如果我自己能做点什么帮到别人的话,我会获得一种肯定感,我会感到非常快乐。另外一个是回馈,我感觉我学习的过程中,不管是老师还是学长们在生活方面和学习知识方面都帮了我很多,我也特别希望把我受到的这些帮助传递出去。(2020-WL-S4)"

(2) 另一些学生则从个人兴趣、身心发展的角度分析了为何经济价值对个人来说没有那么的重要。例如,有学生指出:"收入对我来说没有那么重要,是因为我觉得只要家庭没有那么的缺钱,不一定一开始就找特别高薪的工作。高薪工作通常也非常累,像我认识一些像是做计算机、软工、金融的人,他们都是每天干到一两点,虽然拿的工资很高,但几乎就是一个透支的行为。他们这样子干其实是有上限的。当然钱也是要的,不然活不下去。(2020-GC-S1)""其实感觉我可能不太追求那种稳定有保障的工作(比如说公务员),我感觉我可能更想以自己的兴趣为主,当然也希望获得可观收入,比如说我选择写小说,一方面是因为我很喜欢,也觉得通过这些文字和别人进行沟通,传达我的一些想法什么的也很好,当然现在小说能写出来的话还是能赚很多钱。我觉得不管怎么说,精神上的享受肯定很重要，但是也不能一味地提倡那种要甘于清贫，我觉得如果能靠自己的能力去赚很多钱，比如说去各种地方旅游来拓宽视野，再回来继续写作，可以形成一种良性循环。(2020-KG-S1)"

(3) 还有个别学生从所学专业限制的角度分析了为何工作的经济回报对个人来说没有那么重要。例如，一名就读人文学科专业的学生提到："首先那些能获得可观收入的工作都不在我的兴趣范围之内。再加上已经学了这个专业了，我基本上很难再进入那些能获得可观收入的行业了。(2020-ZX-S1)"

（四）强基生对社会责任的考量

整体来看，强基生将职业选择的社会责任价值置于相对不重要的位置，一些学生从个人能力的角度，阐述了为何不那么重视工作的社会贡献和发展价值。例如，有学生表明："社会贡献这个事情可能对于我个人来说太大了，我觉得我个人在这个方向上做好，不太需要去想对社会到底是有什么作用；这个东西一定是会有人去考虑，但是那不是我。(2020-SK-S2)""咱们这个概念太过空了，到底什么叫对社会有益的事情，我觉得我没有办法去有一个很好的定义，不如就从一个比较基础的做起。(2022-HX-S1)""关于'有助于社会的可持续发展'，我觉得这个不是我所能左右的。可能我们偏工科，我学的什么专业，未来工作方向就是这个专业方向，就决定了我的工作类型（比如我要做芯片），所以我觉得这个不属于我需要考量的。(2020-WL-S5)"

当然，也不乏部分学生表达了个人对于选工作时对社会贡献价值的重视。比如有学生指出："在对所学专业深入了解后，我一方面会想着把专业学好，去好好地为专业做一些事情，另一方面更加想要通过读研、读博的方式提高我的科研能力，在一个以国家利益为重的专业，在一个为人民服务、为国家服务的专业辛勤耕耘,努力为国家做出一点自己的贡献。(2023-GC-S2)""我从小父母就跟我说你自己的开心快乐比较重要,如果你有能力的话,要为这个国家、社会作一点贡献,我父母一直都是这么说的。(2021-WL-S3)""帮助他人的话,我感觉就是还是做一些有益于他人的事情,也能够获得一些满足感。(2020-SK-S1)"

此外,也有学生从个人发展和社会发展关系的角度考虑,指出了个人有必要考虑为社会作贡献。"说实话,大一点说或者官方一点是个人发展离不开社会发展,说具体一点就是现在有一句话叫作'选择大于努力',虽然我想说的并不是大家通常理解的那个意思,但是这个行业在社会中的重要性是你未来发展的一个基础,就好像你在冲浪一样,冲浪肯定要踩着一个小踏板,肯定得冲一个比较稳一点的,比较高一点的,这样才能持续地滑下去。因此从长远来看,社会的稳定以及这个行业在社会中的位置以及未来作用,是你想持续在这个地方生根的前提,因此我们需要考虑社会的发展并为社会作出贡献。(2020-GC-S1)"

五、结论建议

(一)结论讨论

本部分借助对几所试点高校强基生的访谈资料分析发现,强基生选择工作时较为重视个人发展、天赋、兴趣和能力等个人自我实现的因素以及稳定有保障的工作、获得可观的经济收入等经济因素,但对帮助他人、社会贡献的重视程度不高。对比人文学科和理工医学科强基生发现,人文学科强基生考虑未来工作时相对更重视个体自我实现以及社会贡献的因素,而理工医学科强基生相对更重视个体自我实现以及经济保障的因素。进一步分析强基生的职业价值观选择倾向的原因后发现,不同学生可能基于不同原因而考虑未来工作的各类价值。例如,关于未来工作的个体自我实现价值,一些学生基于个人潜能和能力等发挥的角度考虑,一些学生从运用所学知识和能力的角度考虑,一些学生从锻炼能力、积累经验的角度考虑,另一些学生则从工作动力的角度来考虑。关于未来工作的社会贡献价值,一些学生基于个体发展和社会发展的角度考虑,一些学生基于个人回馈他人和获得自我满足感的角度考虑,一些学生则基于个人力量无法左右更多的角度考虑。

职业价值观不是先天原生的。大学生职业价值观反映了个人的主体需要和工作属性的本质联系,是个体价值观念和社会价值系统共同作用的结果。[1] 一方面大学生的职业价值观受到个人认知、内在需要、家庭背景和教养方式的影响;另一方面受到学校教育的影响和社会文化与环境的影响。在多种因素的影响下,大学生的社会认知和个人经验及认知相互作用,并在自我意识的引导下对社会价值体系进行内化,形成个人的职业价值观并引导个人的实践。

大学是青年学生从校园进入社会的关键准备阶段,除了学习专业知识技能外,学生还需从心理与能力等方面做好各种就业储备。强基生持有的职业价值观念,既影响他们在大学时期内的发展方向及为此所付出的努力,也影响未来的职业选择和长远发展。[2] 从可为的角度来看,试点高校和培养院系应该在强基生的大学培养过程融入适切的职业价值观教育,通过多种方式促使学生客观认识自我和社会发展,并认识到个体发展和社会发展的密切联系,推动学生(尤其是强基

---

[1] 郭欣,王清亚.大学生就业价值观的生成机理与引导策略[J].思想政治教育研究,2021(02):120—123.
[2] Llenares I I, Deocaris C C, Deocaris C C. Work Values of Filipino College Students [J]. British Journal of Guidance & Counselling, 2021,49(4):513-523.

生)形成良好的职业观念。

（二）政策建议

首先,重点关注强基生的职业价值取向,通过多种渠道引导和培育他们的职业理想与志趣。总体来说,强基生(尤其是理工医科的强基生)的职业价值取向较为务实,未来可以进一步引导和培育这些学生树立与"强基计划"人才培养目标相适配的职业价值理念。在此方面,各试点高校的责任院系一方面通过专题讲座、影视鉴赏、参观学习等方式,组织开展各类思想政治教育和职业价值观教育活动,借助行业或职业领域的榜样人物,帮助他们了解基础学科未来职业方向内含的社会价值和个人价值,并促使其思考和探索个人生命的意义。另一方面积极利用校友或社会资源,与相关企事业单位进行广泛沟通,搭建平台,定期组织这些学生进行学习参观与实习实践等活动,帮助学生更直观地了解职业工作环境与发展前景等,引导他们在实践中锻炼能力、培养社会责任感;同时促使其积极探索专业学习与社会实践等相结合的有效途径,如让学生利用自己的兴趣和专业知识服务周边的社区,解决社会生活中的真实问题等。

其次,为本科生开设系统的职业生涯规划课,帮助学生树立职业规划意识、增强生涯规划能力。无论是强基生还是统招生,在考虑未来职业时均重视个人发展、经济保障和社会贡献方面的因素。但如何合理规划大学学习生活,为未来职业发展储备知识和能力,是每一位新入学的本科生面临的关键问题,也是诸多学生感到迷茫与困惑的问题。在此方面,大学和各个院系应结合学科专业特征和人才培养目标等,为本院系的本科学生(尤其是一年级学生)设置系统、全面的职业生涯规划课程或活动,通过课堂教学、现场体验等渠道和方式,帮助学生深度了解所学的学科专业以及不同行业(职业)的发展前景等,促使他们结合大学学习和个人职业目标制订职业规划、明晰大学各阶段发展任务,顺畅适应大学生活和为未来职业发展作好充足准备。

第三,建立对强基生的跟踪研究机制,为不同阶段的强基生提供针对性的专业咨询指导。处于不同学习阶段的本科生,其自身特点和发展需求可能存在较大差异。例如,大一阶段的学生处于从被动学习到主动学习转变的关键时期,能否成功建立起专业兴趣,树立学业自信心和培养自学能力等,对他们的未来发展影响深远。大学二年级学生面临着价值观冲突、个人角色转换、人际互动的纠结等,容易陷入发展性心理焦虑状态,从而产生对自己的学业不满、学习投入感下降、专业认同陷入低谷等问题。[1][2] 为了保障和提升基础学科拔尖人才培养的效果,试点高校及相关院系应建立对强基生的跟踪评估机制,借助观察、访谈、问卷调查等方式及时了解强基生的发展状况和实际需求,根据这些反馈信息不断完善培养方案,开展针对性的专业咨询和指导服务,帮助不同阶段的强基生更好地适应大学生活和发展自我。尤其是对于那些在自我、专业和职业等认知方面尚处于探索阶段的强基生,院系要采取措施帮助他们尽早形成对基础学科专业的客观认识,获取更为全面的职业体验,引导他们逐步明晰个人发展规划和发展有益于社会发展的职业价值观念。

本研究取样于几所"强基计划"试点高校,通过质性资料的搜集展现了这些高校招收强基人才对于职业价值观倾向的"画像"。不过,难以避免的是研究结论对于相同类型的试点高校具有一定的借鉴意义,但不能简单推广到其他类型的试点高校中。未来可通过多所院校的深入调查和多类数据的采集和研究,更为全面、系统地了解强基生的职业价值观发展情况。

---

[1] 郑雅君,李晓,牛新春."大二低谷"现象探究[J].高教发展与评估,2018(5):46—59.
[2] 李素敏,杨曙民,赵鹏燕.河北某高校大二学生隐性辍学现状调查[J].现代预防医学,2011,38(21):4421—4422+4428.

第九章 "强基计划"学生的社会与情感能力

一、研究问题提出

基础研究是源头性、根本性或奠基性的研究,是科学技术的上游,没有基础研究,难以有应用基础研究和应用研究。[①] 然而,"奉献""冷板凳""异常艰苦",数十年间,大学生选报志愿时对基础学科一直抱有这样的刻板印象,在众多年轻人活跃的网络社区,基础学科更是被贴上"又难又穷"的标签。[②] 的确,做基础学科研究周期长、见效慢,基础学科研究成果的取得不可能是一蹴而就的,需要几年、十几年甚至几十年的等待。正因为如此,学习基础学科和开展基础学科研究需要学生除了前文讲的专业兴趣、学术志趣、清晰规划外,还需要坚定的毅力、良好的自控力、好奇心、创造性、抗压力、社会责任感等品质。另一方面,要取得基础学科领域的杰出成就,不单单取决于个人过人的智商,更取决于一些非同一般的心理品质和个性特征,如不受信息泛滥的干扰、具有发散式思维和收敛式思维方式、自控性、自主性、持久性、沟通能力等。这些能力和特质都属于个人非认知能力或"软技能"的组成部分。本章将其统称为社会与情感能力,即个体管理自己的情绪和

[①] 专访陈义汉委员:基础学科人才要甘坐"冷板凳",建议增加创造力培养课程[EB/OL]. (2022-03-04)[2023-11-22]. https://www.163.com/dy/article/H1L5PGSR05506BEH.html.
[②] "冷板凳""又难又穷"? 对基础学科的刻板印象该破除了[EB/OL]. (2021-03-19)[2023-11-22]. https://baijiahao.baidu.com/s?id=1694615428060163520&wfr=spider&for=pc.

与人交往的能力,如情绪控制、合作能力、乐群、责任感、创造力,这些能力是学生掌握并应用的一系列与自我适应和社会发展有关的核心能力。

事实上,面对复杂多变的现代社会,坚毅、情绪控制、协作、与人交往等社会与情感能力作为个体在复杂情境中成长与社会性适应的核心能力,对于学生的学业发展、社会与情感能力发展发挥着至关重要的作用。就其影响而言,社会与情感能力是大学生顺利毕业、取得较高学业成绩、获得优质工作的重要资本[①],能有效预测个体职业发展、幸福感及健康等重要结果。[②] 例如,毅力、好奇心等人格品质[③]以及人际交往能力[④]有助于提升本科生的学业适应,情绪调节能力可为压力情境下的本科生提供一种缓冲机制,使之以更积极的情绪和心态应对挑战。[⑤] 毅力有助于改善学生学习策略的使用;[⑥]培养学生学术韧性和社交技能有助于提升其学习参与度、降低学习倦怠。[⑦] 相比来说,与较低水平社会与情感能力的同龄人相比,高社会与情感能力的大学生往往更容易适应大学的学习和生活,通过高效、成功的自我调节实现预期的学习目标以及获得良好发展。

那么,从事基础学科学习以及未来基础学科研究的强基生,到底具有什么样

---

① Savit-romer M, Rowan-kenyou H T, Fancsali C. Social, Emotional, and Affective Skills for College and Career Success [J]. Change: The Magazine of Higher Learning, 2015, 47(5): 18-27.
② Heckman J J, Rubinstein Y. The Importance of Noncognitive Skills: Lessons From the GED Testing Program [J]. The American Economic Review, 2001, 91(2): 45-49.
③ 毛晋平,杨丽.大学生的积极人格品质及其与学习适应的关系[J].大学教育科学,2012(4):38—42.
④ 牛端,张杰锋,方瑞芬.学习策略与人际交往能力对大学新生学校适应的影响[J].复旦教育论坛,2017(5):50—55.
⑤ 屈廖健,经超楠,朱周琳.以情促学:研究型大学本科生社会情感能力对学习参与度的影响[J].中国高教研究,2022(9):60—66.
⑥ Kiema J H, Mirka H, Hannu S. The Role of Social Skills in Burnout and Engagement among University Students [J]. Electronic Journal of Research in Educational Psychology, 2020, 18(1): 77-100.
⑦ 吴峰,王曦.大学生情绪智力对学业成就的影响——基于结构方程模型实证研究[J].教育学术月刊,2017(1):59—65.

的社会与情感能力水平？院校培养能够为提升他们的社会与情感能力提供什么样的支持？对这些问题的研究能够为"强基计划"试点高校及其院系的拔尖人才培养工作提供针对性建议。

二、相关文献综述

1. 大学生的社会与情感能力水平

姚昊和陈淑贞（2022）运用经济合作与发展组织（Organization for Economic Cooperation and Development，英文首字母缩写 OECD）的社会与情感能力测量框架，对浙江省高校 4 462 名大学生进行调查，发现大学生的社会与情感能力存在显著的城乡分化和阶层差距，即城市户籍大学生社会与情感能力各项得分显著高于原农村户籍大学生，家庭背景优势的大学生社会与情感能力各项得分显著高于家庭背景处于弱势地位的大学生。[①] 其中，处于家庭背景最高分位值的学生相较于最低分位值的学生的社会与情感能力高出 6.2%；同时处于学校分位最高分位值的学生相较于最低分位值的学生的社会与情感能力高出 33.8%。[②] 朱晓坤和高本才（2023）运用 CASEL（Collaborative for Academic, Social and Emotional Learning，美国学术、社会和情感学习联合组织）的社会与情感能力测评框架，对天津职业大学 412 名大学生的社会与情感能力进行测量，结果发现大学生的社会与

---

① 姚昊,陈淑贞.家庭教养方式何以影响大学生社会情感能力？——生师互动的中介作用[J].教育学术月刊,2022(4):45—51.
② 姚昊,陈淑贞.先赋抑或后致：家庭背景与学校氛围何以形塑大学生社会情感能力[J].国家教育行政学院学报,2023(8):74—84.

情感能力总体来说水平较高,自我认知、自我管理、集体认知、集体管理四个维度的平均分均在4.0以上,但他人认知、他人管理两个维度的得分在3.5以上。在群体差异方面,农村与城市学生、独生子女与非独生子女、不同专业的大学生的社会与情感能力没有显著差异,男女生在自我认知、自我管理、他人认知、集体认知、集体管理维度上没有显著差异,但男生在他人管理维度的得分高于女生。[1] 李小琼(2022)运用教育部-联合国儿童基金会"社会情感学习"项目组编制的《中国学生社会与情感能力问卷》,从六个维度测评了河南省高校近5 000名大学生的社会与情感能力,发现大学生的社会与情感能力总体水平较高,在个体特征、家庭社会地位以及院校条件等方面存在群体差异,如城市大学生、父母高学历水平、研究生和本科生、省属重点高校的大学生社会与情感能力高于城镇大学生、父母非高学历水平、专科生、地方高校以及民办高校的学生。[2]

2. 大学生社会与情感能力的影响因素

目前关于大学生社会与情感能力的影响因素,已有研究主要聚焦在家庭背景和院校支持方面。其中,院校条件既包括基础设施、校园环境等硬性条件,也包括校园文化、支持性氛围等软性条件。[3] 积极的学校氛围、学校提供的软性支持条件及互动关系(如生生互动、师生互动)与学生的社会与情感能力发展高度相关。姚昊和陈淑贞研究指出学校氛围会显著正向影响大学生的社会与情感能力,而学校氛围中的教师尊重和同伴支持对社会与情感能力处于弱势的学生效益

---

[1] 朱晓坤,高本才.大学生社会情感能力现状及提升策略研究[J].教育教学论坛,2023(30):181—184.
[2] 李小琼.家庭社会地位、院校条件对大学生社会情感能力的影响[J].河南科技学院学报,2022(12):1—9.
[3] 李小琼.家庭社会地位、院校条件对大学生社会情感能力的影响[J].河南科技学院学报,2022(12):1—9.

更高。① 同时,大学生承担学生组织中的社会性工作时,获得组织协调、人际交往、管理领导等方面的直接经验,由经验所生发的反思和移情可以促进他们社会与情感能力的提升;另一方面,良好的学校氛围能够促进大学生产生学校依恋感、降低焦虑心理并提升自我效能感和社会与情感能力。②

对上述文献分析可以发现,目前国内关于大学生社会与情感能力及其影响因素的研究相对较少,且更多关注的是大学生群体,对强基生进行专门研究的较少。正如本章前文所述,相比其他学科专业的学生,"强基计划"的学生可能更需要具有一定的创造力、毅力、抗压力、责任感等非认知能力。基于此,本章以经济合作与发展组织(OECD)的社会与情感能力测评框架为基础,采用质性分析方式,对某试点高校不同年级、不同学科强基生的社会与情感能力现状进行初步分析。本章的研究数据来自2022—2023年度课题组成员对某一所"强基计划"试点高校在读强基生的深度访谈。本章运用的数据同第七章、第八章一样。对强基生社会与情感能力的分析主要采取以下方式:一是在与受访者进行一对一或多对一访谈时,现场由受访者填写社会与情感能力自评量表,让受访者就他们的优势能力和需要提升的能力进行自我评价。二是在受访者填写完量表后,访谈者根据受访者的填答情况进行追问,通过案例描述、个人解释等信息,了解受访者对不同能力的理解,以及他们对个人能力的评价标准。在分析时,对这些受访者的填答情况进行简单的描述统计并结合访谈者的回答情况,总体呈现这些学生社会与情感能力自评的概貌。此后,结合已有文献,本章对如何支持与提升他们的社会与情感能力提供相关建议。

---

① 姚昊,陈淑贞.先赋抑或后致:家庭背景与学校氛围何以形塑大学生社会情感能力[J].国家教育行政学院学报,2023(8):74—84.
② 姚昊,陈淑贞.家庭教养方式何以影响大学生社会情感能力?——生师互动的中介作用[J].教育学术月刊,2022(4):45—51.

三、分析框架

国际上对社会与情感能力的研究最早集中于儿童群体,目前对儿童或青少年的社会与情感能力测量的框架应用较多的主要有两种:一是美国社会与情感学习项目先行者——美国学术、社会和情感学习联合组织(Collaborative for Academic, Social, and Emotional Learning,简称"CASEL")构建的儿童社会与情感能力发展的"车轮框架"。该框架将社会与情感能力的内容划分为五大领域——自我意识、自我管理、社会意识、人际技能、负责任地决策。二是OECD基于大五人格模型构建的社会与情感能力框架。这个能力模型包括五个维度,每个维度下有3项子能力,共计15项能力。如图9-1所示,五个维度分别是任务能力(责任感、毅力、自控力),情绪调节能力(抗压力、乐观、情绪控制力),协作能力(共情、合作、信任),开放能力(包容度、好奇心、创造性),交往能力(乐群、沟通、活力)。

目前,OECD的青少年社会与情感能力国际测评第一轮、第二轮测评已经在江苏苏州、山东济南开展。尽管CASEL本身以及"车轮模型"在美国乃至全球具有较强的影响力,但考虑到测评的适用性以及强基生的发展特点,本文主要运用OECD的社会与情感能力框架来考察强基生的社会与情感能力。在访谈过程中,研究者首先邀请受访者对个人的优势能力和需提升的能力进行评价;其次结合受访者的填答情况,请他们补充说明或者举出案例;最后,请受访者根据个人的观察结果,指明哪些能力是本领域科研人才需具备的关键能力或者就读学院的教师具备的哪些品质令他们敬佩。

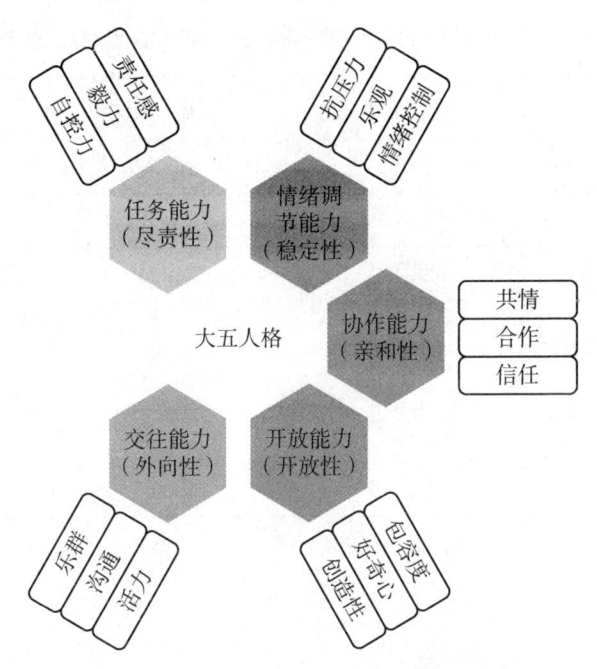

图 9-1 OECD 的社会与情感能力测评框架

四、分析结果

（一）强基生对个人社会与情感能力评价

表 9-1 呈现了受访的强基生对个人优势能力和需要提升能力的自我评价情况。超过一半的学生认为责任感、共情、包容度、乐观、抗压力是自己的优势能力；其中，超过六成的学生将责任感、共情、包容度视作个人的优势能力。然而，仅有 13.3%、23.3%的学生将自控力、创造性视作是个人的优势能力。

199

表9-1 强基生对个人社会与情感能力的评价（按优势能力排序）

	未选择	需提升能力	优势能力
责任感	20.0%	16.7%	63.3%
共情	20.0%	20.0%	60.0%
包容度	23.3%	16.7%	60.0%
乐观	16.7%	30.0%	53.3%
抗压力	10.0%	40.0%	50.0%
情绪控制力	36.7%	20.0%	43.3%
合作	33.3%	23.3%	43.3%
沟通	16.7%	43.3%	40.0%
好奇心	33.3%	30.0%	36.7%
乐群	33.3%	30.0%	36.7%
活力	36.7%	26.7%	36.7%
毅力	33.3%	33.3%	33.3%
信任	43.3%	23.3%	33.3%
创造性	40.0%	36.7%	23.3%
自控力	23.3%	63.3%	13.3%

其次，在个人需要提升的能力方面，63.3%的学生认为自控力是个人需要提升的能力，43.3%、40.0%的学生认为沟通能力、抗压力是自身需要提升的能力，36.7%的学生认为创造性是个人需要提升的能力。整体来看，根据自我评价结果，这些强基生认为责任感、共情、包容度、乐观、抗压力是自身优势能力；同时，自控力、沟通能力、创造性、抗压力是这些强基生需要着力提升的能力。

（二）强基生对任务表现能力的认知评价

关于社会与情感能力的每一种子能力，不同学生的认识或者行为可能存在差异。基于此，研究者就受访者的填答情况进行追问，让他们举例说明个人在某项能力上的表现或者个人对该项能力的理解，以帮助我们更为准确地把握受访者的认知特征。与此同时，研究者询问了哪些能力是受访者所就读的学科领域从事科研需具备或者相对重要的能力，以及那些令他们敬佩的本学院教师身上具备哪些能力特质。通过多方对比，明晰哪些能力是试点高校及其培养院系未来需要重点关注与培养的，从而为未来有针对性地通过课程或活动提升强基生的社会与情感能力提供抓手。

1. 责任感

根据OECD的测评框架，责任感的操作性定义是个体能够做好时间管理、守时和履行承诺，高能力水平的典型行为指标是"可靠的、稳定的"，低能力水平的典型行为指标是"可能不负责任的"。一个有责任感的人会在生活中承担起个人要承担的责任，无论是个人生活还是学业、工作等事务，都能够明确地认识到自己的责任和义务。在社会层面，有责任感的人不仅会积极履行自己的职责，还有可能主动参与到群体中来，为集体和社会的利益和发展作出贡献。访谈过程中，当问及所在学院的教师有哪些特质让人敬佩时，一些学生谈道："学院的一些老师办事特别认真，讲课也好。从讲课内容来讲，他们应该准备很充分，我感觉他们对学生很负责。（2022-WL-S4）""其实感觉大部分老师都非常勤奋，他们工作非常多，但是对于上课备课仍然非常地认真。（2022-WL-S3）"通过他们对所敬佩的教师及其具体事例的阐述，可以看出那些对科研和教学有责任心的教师普遍能受到学生的尊重。

就个人的责任感水平而言,统计数据表明63.3%的学生认为责任感是个人的优势能力。一些学生表明责任感的体现是有条件的。首先是个人要明确自己需要做某件事,这时才会表现出责任心。如有学生指出:"如果我确定要做一件事情的话,我肯定不会想着放弃,也肯定会做到让自己满意。(2020-SX-S4)""我觉得一旦我去做这个工作,就一定要把角色给扮演好或者说把这个工作尽可能地做到完善。比如说面对很多科研任务的时候,我不会全都接下来,而是只选择其中几个,不然的话可能每个都做不好,我希望做一个工作还是要把它做得完善一点。(2020-WL-S5)"有学生持有同样的态度:"关于责任感,我们总需要对一些东西承担责任。如果我做了,我必须要对这个东西负责到底。但是我可以选择不做,所以说我这个人会在意要不要做这件事情。所以只能说我不具备很强的责任感,因此我不能把它归为我的优势能力。(2020-SX-S3)"其次是当个人所做的事情与兴趣或能力挂钩时,才会有责任感。有学生提到:"责任感跟我兴趣也是有点挂钩的,我对于大多数事件确实会负责到底。但如果发现这件事情难度太大,或者组里其他成员或者上级领导让我没有任何参与感的话,我可能也会不太积极地完成。(2022-WL-S4)"第三种是对待个人事务和集体事务时,有不同的责任感表现。"关于责任感,假如是别人交给我的任务(比如说是小组合作时分配给我的任务),我就会去做,因为我觉得我不做的话会影响别人,我不应该因为我的问题影响别人。但是假如完全是我自己的事情,我有的时候就会很懒惰。(2021-SK-S1)"

当然,也有一些学生对自己的责任感进行反思,指出自己通常在行动中会对自己承担的事情负责任到底,但是没有体验到强烈的责任感。例如,有学生表明:"轮到我负责的部分我一般会去把它做好,但是就很难说这个是出于一种强烈的责任。我感到我要对什么东西负责是因为我觉得应该这样做,想要去进一步去探索自己、了解和提升自己,就这样的一种感觉,但不能确定是不是叫责任感,这个情况不是特别了解。(2020-SK-S4)""感觉我的责任心确实不是很强,反正从小到大感觉各种责任(比如集体责任或者其他责任)跟我没什么缘分,很难感受到这样的一种情绪。突然感觉到好像是责任感可能也比较重要,但是总是觉得感觉不到这样的一种责任意识在身上。(2020-SK-S3)"

2. 毅力

毅力的操作性定义是对任务和活动持之以恒、难以分心。已有研究指出,毅力指对长期目标的坚持及热情,它独立于认知能力,促使个体努力工作、坚持长远目标。[1] 毅力的高能力水平和低能力水平的典型行为指标分别是完成任务、轻易放弃。毅力水平高的人在实现长远目标时,即使面对挫折,也更坚持、专注和热情。因此,毅力对于从事基础学科的科学研究极为重要。一名考古学专业的强基生针对自身学科特质指出了毅力对于从事专业研究的重要性:"毕竟像田野发掘这样,如果进入现场挖不出来东西的话,其实还会挺焦虑、挺迷茫的,所以你做这个工作就得有毅力。(2020-KG-S1)"

学生们在论及学院老师令人敬佩的品质时,纷纷阐述了他们所认识到的"大牛"形象。例如,"我觉得学院一位老师的毅力和工作勤奋度非常高,这让我很佩服。(2022-WL-S1)"一位数学专业的强基生观察指出:"我从那些老师身上能够看出他们对于数学的那种热情、努力勤奋,以及那种孜孜不倦的工作能力。还有,我想他们从前肯定经历过无数个门槛或者经历无数个日夜对数学的思考、训练。另外一个就是他们有足够定力一直把时间投入到科研上面,我觉得这个是他

---

[1] 刘兆敏,高伟伟.毅力与学业成绩的关系:有意走神和自发走神的不同中介作用[J].心理科学,2020,43(6):1348—1354.

们很厉害的一个方面。(2021-SK-S1)"同样,一些物理、力学专业的强基生提到学院老师们时也讲道:"他们那种坚定信念是让我觉得可以用'震撼'来形容。我读过很多文献,很多科学家们可能不能非常迅速地出成果(比如两三个月发一篇文章那种),他们都是那种坚持了5年、10年这样,长期地啃一块'硬骨头',我觉得这种持之以恒、对准目标前进而不放弃的精神,确实比较值得我学习,也是令我非常钦佩的。(2020-WL-S3)""比如说有些东西我自己可能不是很感兴趣,但是看到学院那些老师可以对这样一个东西一直持续地做(比如20—30年),我觉得这种毅力还是挺厉害的,就感觉自己肯定没有这种毅力。(2020-GC-S2)"

关于强基生对毅力的自我评价,目前三分之一的学生认为毅力是自己的优势能力,三分之一的学生认为毅力是自己需要提升的能力。一些学生结合自己对科研的认知和自身的性格,而对个人毅力水平做出评价。如"我觉得对于我坚定而且热爱的事业来说,我肯定会发挥出最大的那种能力。毕竟我的功利性没有那么的强,我不会说因为发不了好文章或者短期内发不了文章,就会对我现在从事的工作感到沮丧甚至产生怨恨。(2020-WL-S3)"一些学生结合个人在高中阶段和本科期间的学习经历,对自身的毅力水平做了正面评价。如"我觉得自己是有毅力的,比如毕业论文选题的时候,我一开始选了一个并在充分准备后去跟导师讨论。他说这个题做不下去,很难做出一些新的成果,让我从一些比较经典的文本下手去选题。这个时候我就中断了一段时间,因为我想踩着那个截止日期交大纲。那段时间我就不停地读之前没有想要做的方面的一些研究文献,然后进行深入学习。写的过程中也是一边写、一边探索新领域的内容。整个过程让我感觉我把它做下来了并且最终修改了两版,交上去也有不错的成果,我觉得还蛮好的。(2020-ZW-S1)"又如,"我经历过河南省的高三,我觉得最有毅力的一个表现就是我高三有一个月每天2点半睡觉、6点起床,每天比别人多做5张卷子。(2021-WL-S1)"

当然,也有学生结合本专业领域的学习或科研任务,对个人的毅力进行评价和反思,表明个人需要提升毅力水平。如有学生提到:"我感觉自己的毅力相对来说比较欠缺,相当需要提升。尤其是像科研工作的话,经常需要长时间投入同一个项目当中去,进行过程中难免有时候会感觉到厌倦。我反正以后要想着怎么样提升自己的毅力,去应对需要更长时间的科学研究。(2020-SK-S4)""我觉得现在还是不够坚持。做科研任务时花的时间没有那么多,经常就在做不下去的时候就歇着。(2020-WL-S6)"

3. 自控力

自控力的操作性定义是遵守准则,能够专注于当前任务上,避免分心、延迟满足,以实现个人目标。高能力水平、低能力水平的自控力典型行为指标分别是避免错误、仓促行事。已有研究证实了,学习自控力强的学生,在学习上和活动中比那些自控力弱的人,更能够克服各种干扰[1],更有助于任务(尤其是复杂任务)的完成。一些学生对自己的自控力水平予以肯定,比如有学生结合自己生活中的案例指出:"我觉得我有些方面的自控力挺强,比如我每天坚持7:00起床。(2022-WL-S4)"

一些学生通过不同阶段(尤其是高中和大学两个阶段)对比评价后,认为自己的自控力有待提升。例如,有学生对高中阶段和大学阶段的学习状态进行比较并指出:"我感觉自己的自控力不行,简单来说到了大学后就没有高中的那种感觉,很多时候不能持续地学习一段时间,就忍不住地想要去看手机看电脑或者看各种屏幕。(2021-GC-S1)""我觉得主要是高中和大学的区别造成的,我们高中就是三年中学校和老师基本上每分钟都给你安排好了的感觉。进入大学后一下子脱

---

[1] 张灵聪.不同自控力的初中生在抗干扰中的表现[J].心理科学,2002(2):236—237.

离那个环境,没有人告诉你去干什么的时候就会很迷茫。我大一刚进来的时候,班主任管得也没那么多,没有人去告诉你今天该学什么,不同时候要干什么,确实是轻松了,但是轻松完之后就变成没事可干、无事可做的这样一个状态。(2021-HX-S1)"

一些学生对个人完成任务的情况进行评价,觉得自身缺乏足够的自控力。例如,有学生指出:"我很多时候会把一些事情拖到 deadline(最后期限)前才完成。晚上回到宿舍里面,我需要非常长一段时间才能进入一个工作的状态。(2023-GC-S2)""我的意志力有点薄弱,有的时候我是一个比较喜欢做计划的人,但自己做的计划大部分的时候是完不成的。当然有的时候我知道自己应该去做一件什么事情,但是因为太懒了,有时候惰性一上来就完全不会去做。(2021-SK-S1)""我比较喜欢玩,比如说下午明明有些事情要干,我可能想要不先去打个球再回来写。在一个办公室的环境内,大家一聊天我可能就会被吸引过去。(2020-SK-S1)"

一些学生对不同情境下的自控力水平进行区分,认为自身的自控力有待提升。一些学生关注学习任务的完成,即"我理解自控力就是能不能控制自己,完成想要的工作。实际上大部分时间我愿意在 deadline 之前早早赶完任务,但是我自己会经常学着学着就玩手机什么的,所以在我自己的标准上,可能不觉得自己是自控力很强的人。(2020-SX-S2)"一些学生侧重科研任务的表现,如"自控力的话,确实我在科研过程中也是遇到过很多挫折的。比如说可能连着一个星期做不出来我想要的实验结果之后,我其实会有点沮丧,然后我可能就会丢掉,荒废个三五天这样,去干点别的事,就不去干科研,可能没有那种持之以恒、夜以继日的那种感觉。当然,有的时候确实可能会因为一些事情分心。(2020-WL-S3)"也有学生关注日常生活中个人完成目标的情况,如"首先我没有觉得我自控力很差,但是我还是认为应该继续提升。举个例子说,我本来打算这个学期每周运动两次,但是第一个月几乎一周没有锻炼超过一次。第二个月我觉得自己得去,频率就是一周半一次(约新的同学或者是自己去),我觉得不能靠别人去达成自己的一个自律要求,这一点可能还要再继续改进。(2020 - GC - S1)"又如,"拿这个学期举例子,因为我这个学期要做的事情有很多,比如我去年立项了一个本科生科研项目,这个学期投了一个12月份的会议摘要并需要做海报,双学位的课程也很多,再加上要申请出国而我的语言又没有考出来。我发现大部分时候有逃避心理,尤其是对于复习托福这件事情。我真的就是控制不住自己,反而有点摆烂,不想学就不学了,什么时候想学再学。尽管最终我一件一件地在截止日期前把他们都按顺序做完了,也没有经历失败,所以说我感觉我的抗压力和乐观还好,但是自控力确实需要提升。(2020 - WL - S4)"

(三)强基生对情绪调节能力的认知评价

1. 抗压力

抗压力是指个体能够处理焦虑和压力,不受过度担忧的困扰,能够冷静地解决问题。抗压力的高能力水平典型行为指标是大部分时间都很轻松,低能力水平的行为指标是容易为事情担忧。从事基础学科的科研工作需要应对各种挑战,比如面临着研究结果的不确定性和同行的竞争压力等各种问题,在这个过程中可能会产生高度的压力感和焦虑情绪,因此需要他们具备较强的抗压力。一些学生认识到了抗压力对于从事本学科领域的专业学习和学术研究的重要价值。例如,有学生指出:"像我们学科,做研究时如果发掘不出东西或者说想不到合适的选题,反正会遇到各种各样的困难,肯定还是要有比较好的抗压力和情绪控制能力的。(2020 - KG - S1)""只有具备了抗压力和情绪控制力,才能够让你一直保持稳定心态去做科研和产出成果,不然的话很容易崩溃,这可能也是我比较担心自己是否能够读下去的一个比较大的原因。(2020-ZW-S1)"

目前有一半比例的强基生认为抗压力是自己的优势能力。他们结合自己本科期间的学习经历和科研经验,介绍了自己为何会具备这种能力,以及面对压力时的表现。有学生指出,面临紧张的科研压力时,自己能够有条不紊地完成任务。"因为不同于普通期刊,我投的是会议,这是有 deadline 的。看着 deadline 越近,你必须要去处理、要完成这样一个任务。你就必须要有一个良好心态和比较好的抗压能力去完成一些工作,所以我在这方面还是可以的。(2020-SK-S1)""比如说我之前参加一个大项目,当时干活的一共有 4 个人(加上我)。但是实际上由于各种原因,另外 3 个人都没有实质性参与,只有我自己在实验室做这些事情,没有人帮忙。因为疫情又导致被封了好多天,我就经常在实验室待着、一直干活。那段时间真的是比较忙,但也说明我比较抗压。(2020-SK-S4)"有学生表明,当面临挫折时,自己能够想办法调节从而释压。例如,有学生指出:"抗压力体现在做科研的时候。我有时候会在经历某些科研失败之后,产生一些非常'弱智'的想法,比如……当想到这些甚至能搞笑到自己的想法之后,我就会变得非常乐观,会忘记这些不开心的事情。再加上基本上也没有碰到过什么特别大的失败,就算碰到了特别大的失败,有时候我晚上睡觉之前想一想,突然想到一个很天才的想法后第二天就继续接着干。(2020-SK-S1)""我不会刻意地让自己不要失落或者怎么着,反正这方面很放松,爱怎么着就怎么着,该崩溃就崩溃,但是我感觉我又能把这些压力都扛住,把这件事情都做完了。(2020-WL-S4)"

同时,也有 40% 的强基生认为个人的抗压力有待进一步提升。比如说,有学生在对比个人和他人的表现后,指出:"我确实不太能抗压,可能对你们别人来说没有什么压力,我就不行了,就开始崩溃这样子。(2020-ZX-S1)"有学生则描述了个人在面临压力大的事情时的一些反应,"比如说事情比较多的时候或者第二天要考试,我会觉得自己整个人的情绪都不是很高,就会感觉非常有压力,有那种生理性的紧张反应。(2020 - GC - S2)"

2. 情绪控制力

情绪控制能力是情绪调节能力中的一个很重要的子能力。这种能力是指个体能够通过有效的策略来调节脾气、愤怒和烦躁;在面对挫折时能够保持平静和镇定。高能力水平、低能力水平的情绪控制力的典型行为指标分别是很少被激怒、感到生气和愤怒。一些强基生在大学期间经历过科研训练、体验过科研过程后,认识到情绪控制能力对从事学术研究的重要性。例如,有物理学科的强基生指出:"之前我也不理解博士面临的压力(经常会听到博士生吐槽),但是我参加科研活动之后就会慢慢理解,因为科研工作本质上是做这个领域从来没有人做过的,你不知道做这个工作会是什么结果,所以做出来好的科研,他这个人首先一定要很有能力。同时也一定存在运气的因素,就是这个工作我朝这个方向做了,做出来可能只是小概率事件。大概率事件是我朝这个方向做,做不出来东西后要换方向。在这种情况下,之前付出的努力和一些经历(包括为了做这件事情,你甚至建立的一些心理信念),在没有做出来结果的时候就会被打破。这个过程一定是会有一些信念的崩塌或者说有很大的情绪在里面的,所以我觉得情绪调节能力是在做科研的时候的一个非常重要的能力。(2020 - WL - S5)"对于数学学科的学术研究,同样如此。一些数学学科的强基生就提到:"就我现在做的这个东西,因为没有理论,所以只能是把它当成一个实验学科,效果好就行。如果有任何的调整,都是凭借自己感觉,因为没有可借鉴的地方,所以都是自己去摸索。如果有可借鉴的地方,但是你不知道能不能用,比如说实验中有一些地方它是可以直接调整的,然后我换一个东西(比如说换一个参数),可能效果突然就变好了。对,就是不知道会发生什么事情,只能这样调,所以需要一定的抗压力和接受能力。(2020 - SX - S3)""因为可能像现在做这种应用数学(就像我们计算数学这个方向),可能一方面它就不是说非常顺应潮流的一个东西,潮流可能已经有点过去了;另一方面确实不容易发现一些新的东西;再一个方面朋辈竞争的压力也确实比较大。这样的话我觉得如果自己没法很好调控这些压力的话,可能确实会出问题。(2020-SX-S4)"

(四)强基生对开放能力的认知评价

开放能力包括好奇心、创造性和包容度三个子能力。在对强基生进行访谈时,好奇心和创造性通常会被一同提及。从操作性定义来看,好奇心是个体对新事物、新的思想观点感兴趣,热爱学习、理解和智力探索。高能力水平和低能力水平的典型行为指标是喜欢学习新鲜事物、很少做"白日梦"。创造性的操作性定义是通过修补、从失败中学习,产生做事情或思考问题的新方法。创造性的高能力水平、低能力水平典型行为指标分别是原创性和创造性、难以想象事物。目前,好奇心和创造性对于科学研究的重要性已经被很多研究成果所证实,研究者在对强基生的访谈中也有类似的发现。

1. 好奇心和创造性的重要性

一些强基生认为好奇心和创造性对于从事基础学科的科学研究非常重要。他们指出:"好奇心肯定也很重要,假如说不好奇的话,根本就找不到什么可研究的地方。所以说好奇的话,就是要多想一下。反正一天 24 小时你想一想,总能想出个独特点,但是不好奇、不想就真想不出来了。(2020-SK-S3)""其实对于科研工作来说,你一定要有创新点,说白了你要去找到别人的一些问题,你要对一些领域有些了解以后,能够提出一些自己的方法去解决这些问题。你的创造能力其实就是在这一过程中进行培养和获得的。(2020-SK-S3)"有学生进一步分析了好奇心和创造性在科学研究中的关系,指出:"未来做科学研究方面,好奇心和创造性这两个其实是有关的。比如说像寻找方向的前半段,你要有好奇心;然后创造性的话,是你找到方向之后能把它的创新点给表达创造出来。我觉得好奇心肯定是非常重要的,因为你没有这一步的话,你都无法去迈出去做一些创新。(2020-GC-S1)"

2. 学生对自身好奇心和创造性的评价

关于好奇心和创造性的自我评价,从统计数据来看,目前分别有 36.7%、23.3% 的学生认为这两种能力是自己的优势能力。在访谈中,一些学生将好奇心归为个人的天赋能力,比如说:"好奇心的话,我觉得算是一种天然的品质,反正我就是对感兴趣的事情比较好奇,我也说不上来为什么。这个事情反正也挺难解释的。(2020-SK-S3)"也有学生结合个人的科研经历进行评价,认为自己具有一定的好奇心。例如,有学生说:"我也不一定说是好奇,就是当看到其他领域的一些东西(自己原来没有做过的领域)时,比较想去在网上了解一下。比如说在写代码的时候,看其他一些算法之类的。(2020-GC-S2)""比如说我之前在课题组的时候,要上手做一个东西,我会不停地追问,师兄说'我也不知道,你去查资料'。我说'好的',就吭哧吭哧查了一大堆资料,摆到他面前。就类似这样,我对于不熟悉的东西会比较倾向考究它的最底层原理,这可能是因为我专业是应用物理吧。(2020-WL-S3)"

与此同时,关于个人的创造力,一些学生认为这种能力是具有情境性或者分不同情况的。比如,有人认为自己生活中有创造性但在科研上缺乏创造性,"我觉得可能得看创造性这词是什么意思,如果说是学习之外(在生活方面),我可能是一个比较有创造力、想象力的人。但当面对一些学习上的问题或者困难,让我提出一个新的想法,我觉得不太可能,我一般会去搜集一些前人的学习方法和学习资料。(2021-WL-S2)"有人认为创造性可以在不同方面体现,"我觉得自己的创造性还可以。说一句比较'黑暗'的话,比如发了一篇文章,就算方法上没有创新,文字写作上也会有创新,你要把它描绘得天花乱坠、包装得高度很高。如果没有任何的创新,普适来说(写得又不好或者研究得不好),文章肯定发不出去。所以要么是你脑子很好,想到了一个好方法,要么是你写作水平很好,反正他一定是要有创造力的。(2020-SK-S3)"

与此同时,分别有30%、36.7%的学生认为自己的好奇心和创造性是相对缺乏的。学生们对这两方面能力的评价大都结合以往的科研实践经历。例如,有学生表示:"比如说在组会上可能什么都不是很懂,就提不出好问题,在看别的东西的时候,我可能也没有什么想法。(2020-WL-S6)""我现在需要看的论文比较多,看了之后就发现能想出来那些东西的确实是牛人。但是对我来说,要研究明白一个东西,我觉得挺难的,也挺难出成果。所以我没有选择创造性作为自己的优势能力。(2020-SX-S3)"也有学生基于科研成就获得所需的品质来评估自己的创造性,指出:"我觉得创造性和毅力是非常重要的。因为我这个领域其实很多人在研究。如果你没有一定创造能力的话,肯定是不能做出什么成就或者是贡献了。所以我感觉自己的这个能力比较弱。(2020-WL-S3)"

当然,一些强基生并没有对自己的好奇心和创造性进行评价,这是因为他们并不能确定是否完全具备这些能力。如有学生表明:"我之所以没在自己的创造性上打钩,是因为还有待考证,我不知道自己能不能好奇完之后,能够抓住并且把它研究出来。(2020-GC-S1)"也有学生对好奇心的程度进行点评,表明"我不知道我有没有那种特别的一个moment(时刻),就觉得我一定要做这个事、这个东西太吸引我了或者我一定要钻研下去,我觉得目前没有这种moment在我身上发生,所以我不确定到底是什么样的好奇心,才能说这个人很有好奇心。(2020-SX-S2)"

（五）强基生对交往和协作能力的认知评价

交往能力包含乐群、沟通、活力三个子维度，协作能力包括共情、合作和信任三个子维度。通过对访谈资料的分析发现，在从事学术研究并取得成绩方面，强基生们更倾向于认为合作能力和沟通能力十分重要，是否必须具备这两项能力则视情况而定。在操作性定义和典型行为指标方面，合作能力是个人能够与他人和谐相处，重视所有人之间的相互联系，不以自我为中心。合作的高能力行为指标和低能力行为指标分别是容易与他人相处、经常发生争吵。沟通能力是指个人能够接近他人包括朋友和陌生人，能够建立和维持社交关系，避免冲突等。

1. 沟通和合作的重要性

这些强基生通过本科期间的社会实践和科研参与等，对沟通和合作两项能力的重要性有了相对深入的认识。例如，有的学生就合作能力谈道："我们的科研工作是需要一个团队的，所以说沟通在我们这很重要，但是沟通对于另外一些科研工作（比如一个人的课题这种）可能就不是那么重要了，因为自己的研究领域周围同学都没那么了解，从阅读相关论文中获得的收获一般大于与科研团队成员沟通的收获。（2020 - WL - S5）""做科研对一个人来说工作量可能太大了，如果多个人合作，一方面能够有一个更为集合的思维，从而可以探究一个问题的各个方面并且可能探究得更加全面，比如说有些人去探究计算方面，有些人去探究实验性质的方面。另一个方面就是大家一起合作，工作量分摊到每个人身上就会比较少，这样大家的工作就更有效率，很快就能把这个项目给探索出来。（2020 - SK - S3）"

有的学生关注沟通能力。例如,有学生针对科研效率分析指出:"在科研方面,目前很多人做同一个领域,但是要细分为不同的研究方向。如果大家相互沟通了解一下,可能就是你研究的一个比较小的问题或者一个很长时间自己解决不了的问题,可能别人跟你说一下你就能解决了。(2020 - GC - S2)"有学生则针对科研成果表达分析指出:"像做哲学领域的学术,虽然不需要什么合作能力,你一个人也能写一篇论文,但是你写的东西得让别人看,得让别人听懂。不能说你做一个报告,然后底下人都听不懂在讲什么,所以沟通能力还是挺重要的。(2020 - ZX - S1)"

也有学生表明沟通能力和合作能力对于他们学科的学术研究来说均十分重要。"沟通和合作都很重要,因为我们并不是独立地做研究(当然也有很多单打独斗的工作),有很多大型项目是需要很多人来一起完成的。比如说你想要某个台站地震的记录数据,你肯定要认识很多的人,然后和大家关系都很好,这样问别人要数据才会比较方便。如果只是做自己的,要这些资料就没有那么容易。因此我们还是需要沟通,需要合作。(2020 - WL - S4)""考古相比其他人文社科尤其需要沟通能力和合作能力。因为考古你要经常出去,你要下地、要和当地政府和当地农民工等人沟通,你要统筹规划好一切。(2020 - KG - S1)"

当然,也有学生觉得沟通能力对于他们学科的科学研究来说,可能并不是那么刚需。有学生结合自己学院老师的案例,指出:"我想到我们系的一个老师,他本人非常内向。当时我夏令营面试的时候,他是我的面试老师,我非常冒昧地提了一个和他的课题相悖的理论,他在下面小声地说'我觉得这件事情在近几十年都不太可能发生'。我感觉他本身还是非常内敛的,但他的学术成果非常好,这可能和他比较热爱工作、每天都在工作有关,因此沟通能力可能并不是一个刚需。(2020 - SK - S2)"

2. 学生对沟通和合作的评价

统计数据表明分别有40%和43.3%的强基生认为沟通和合作能力是自己的优势能力。一些学生这么评价自己:"我跟别人基本都能很好地相处,比如说碰到新的人,也会比较自来熟;就算有新的人要跟他去合作的话,也能比较迅速地跟他混熟、打成一片。(2020-SK-S3)""我觉得我在和人交流方面的能力是比较强的。经过这三年学习生活以后,我认识到有可能我不太适合去做那种非常艰深、晦涩的数学研究,可能更适合去做一些其他的与人交流的工作,包括我自己做了一些学生工作,做到部长或者管培生的位置。(2021-SK-S1)"

当然,也分别有43.3%、23.3%的强基生认为沟通和合作是自身需要提升的能力。谈到具体表现时,有学生表明:"比如我前几日在晚会的时候跟学生会主席闹了点矛盾,合作和沟通能力还是需要提升。(2022-WL-S4)""我不是很喜欢在人多的地方工作或者说其实并不是很喜欢在群体中。团体活动我可以参加,但是我每次参加完团体活动之后,我得要自己一个人独处很长时间来充电。我理想的工作是自己一个人坐在家里打字。(2021-SK-S1)""我确实有点社恐,很多时候(包括和同学讨论之类的)感觉自己有想法但没办法特别好地展现给别人。(2020-SX-S4)"

一些学生针对学习或科研中的个人表现,对自己的沟通能力和合作能力进行评价,认为自己需要在这两方面有所提升。比如有学生提出:"我觉得沟通不畅其实是不可避免的问题,因为人类用那种语言文字来交流的话,沟通的过程中必然会产生一些理解偏差,我觉得这不太可能避免。我有时候就会因为一些措辞(包括一些遣词造句上面的一些小考究),会容易在沟通上让人产生一些误解。而且我感觉我的思维方式好像确实容易有些跟大体方向不太一致,就导致我有些时候理解的东西就和别的同学、老师理解的意思完全不一样,我可能以后得学习一下如何改变。(2020-WL-S3)"

此外，也有学生认为自己的沟通或合作能力的表现是具有情境性的。比如，有学生区分了线上沟通和线下沟通，指出："其实我线上沟通问题不是很大，但是到了线下沟通的时候，我经常会不知道说什么，经常表达不清楚自己的意思，就是语言组织比较混乱。（2020-ZX-S1）"有学生区分了科研工作和日常生活中的沟通能力差异，指出："我可社恐了。只要是我不认识的人，我一般就不会去说话，就是非必要就不会去交谈。但其实也分情况，让我去讨论课题研究中一件需要讨论的事情，我是很高兴讨论的。但是如果路上来个人或者进入一个社交场合，我肯定不会随便跟他说话。（2020-SK-S2）"

五、结论建议

（一）结论讨论

本章依据 OECD 的社会与情感能力测评框架，借助半结构式访谈、现场观察等方法，调查了受访强基生对自己社会与情感能力的认知评价情况，以及他们学科领域开展科学研究工作所必需或者至关重要的能力品质。通过对这些材料的分析发现：一是超过一半的学生认为责任感、共情、包容度、乐观、抗压力是自己的优势能力，超过 40% 的学生认为自控力、沟通能力、抗压力是自身需要提升的能力。二是 OECD 的社会与情感能力框架包含了 15 项子维度能力，但对于从事基础学科研究的人来说，有九种能力相对更为重要。这九种能力分别是：责任感、毅力、自控力、抗压力、情绪控制力、好奇心、创造性、沟通和合作。

以情绪控制力为例，该能力一方面与个人的学业和任务表现、情绪调节有关。

如已有研究表明情绪控制与学生的学业成绩显著相关,情绪稳定性高的学生具有相对更高的学业成绩。[1] 对于从事学术研究来说,研究者的工作往往存在长期性、复杂性的特点,甚至是枯燥烦琐的。情绪控制能力差的人容易受到外界因素的干扰,影响科学研究的专注度和工作效率;同时也会影响自身的创造力和思维能力等方面的发挥。因此,在基础学科的学术研究过程中,保持稳定的情绪状态对于研究者们更好地投入研究工作是至关重要的。另一方面,情绪控制也与社会交往等方面密切相关。研究者在科研过程中要与不同的群体进行密切交流和合作,如果他们的情绪控制能力差,很容易在与他人交往中产生矛盾冲突,从而会直接或间接地影响到科研工作的有效开展。

强基生目前的社会与情感能力发展情况,不仅受到家庭文化和社会资本、个人以往经历的影响,也会受到大学阶段的师生互动、同伴互动、学校环境等诸方面的影响。已有研究对大学生社会与情感能力发展的影响因素比较后发现,良好的家庭背景和学校氛围显著正向影响大学生的社会与情感能力,学校氛围比家庭背景更能影响社会与情感能力,其中教师尊重和同伴支持是提升社会与情感能力的关键点。[2] 限于数据搜集的限制,本章尚无法通过定量数据深入分析哪些因素影响着强基生的社会与情感能力发展水平,但通过强基生对个人能力的阐述可以窥见:大学阶段的教师指导、科研尝试和参与、团体活动等方面对强基生的能力发展和能力认知产生着深远影响。尤其是科研参与活动对他们认知的影响,当研究者让强基生举例说明为何他们具有某些优势能力或者需要提升的能力时,多数强基生都从专业学习和学术科研等角度进行阐述,从这一点就可以看出本科阶段参与

---

[1] 雷万鹏,李贞义.非认知能力对初中生学业成绩的影响:基于CEPS的实证分析[J].华中师范大学学报(人文社会科学版),2021,60(6):154—163.
[2] 姚昊,陈淑贞.先赋抑或后致:家庭背景与学校氛围何以形塑大学生社会情感能力[J].国家教育行政学院学报,2023(8):74—84.

科研项目所带来的潜在或直接的影响效应。

（二）政策建议

上述研究发现启示我们:未来对强基生社会与情感能力的培养和提升,并非是要面面俱到,而是要抓关键能力,以增强针对性。同时,不能采用统一化的培养模式和策略,而是要针对不同层次水平社会与情感能力的强基生,采取差异化的支持和提升策略,以增强有效性。大学培养过程对学生的社会与情感能力发展能够产生直接或间接的影响,因此,未来在强基生的培养过程中,试点高校及其培养院系可为的领域主要有:

一方面,通过学校通识课程平台(如职业发展规划、大学生心理健康教育)或者院系课程平台,开设发展学生社会与情感能力的课程并组织开展多元化的活动,让这些本科生了解和认识社会与情感能力的概念、内涵、重要性等,促使其掌握缓解压力、调节情绪、增强自控力、开展有效沟通与团队合作等方面的理论与操作方法。

另一方面,强化学校中的人际互动、营造良好的学习氛围。已有研究表明教师尊重、同伴支持、人际互动等是提升大学生社会与情感能力的关键点。[1] 强基生的班主任、辅导员以及学业导师,一是可以借助生活学习和科研工作的机会,观察强基生的社会与情感能力表现,建立系统、全面的学生发展档案;同时,针对不同学生的薄弱能力,采取差异化、针对性、渐进性的引导策略予以支持提升。二是借助"强基计划"政策和培养方案,向强基生提供多种参与科研活动的机会,并积极

---

[1] 姚昊,陈淑贞.先赋抑或后致:家庭背景与学校氛围何以形塑大学生社会情感能力[J].国家教育行政学院学报,2023(8):74—84.

创设增进师生沟通、生生互动交流的平台,为学生提供发现和认知自我、锻炼和提升各方面能力的机会。

注:本研究中受访强基生的专业分属物理学、化学、工程力学、数学等不同学科。在此,特别感谢这些接受访谈的同学提供的丰富资料并对本书修改提供了宝贵意见!

结　语

　　本书是国家社会科学基金教育学青年项目"'强基计划'政策执行过程监测与效果评估研究"的研究成果之一。从某种程度上说,这是自2020年以来本人关于拔尖人才选拔培养的研究和思考的部分成果集锦。全书立足基础学科拔尖人才选拔和培养效果评估的视角,主要回答"评估哪些内容""如何开展评估""评估结果如何"等关键问题。在编写过程中力图呈现以下特点。一是紧扣政策前沿。研究选题以国家新近实施的"强基计划"政策为基础,研究过程中注意吸收与采纳国际国内关于拔尖人才选拔和培养的研究成果和相关理论,并关注了研究建议的针对性和时效性。二是体现不同阶段的教育联动。基础学科拔尖人才的选拔和培养不仅是试点高校及其培养院系的事务,也是基础阶段甚至社会各个层面的关切点。因此,本书在部分章节的选题时,从强基生的能力发展现实出发,借助研究分析结果,对高中学习、学生家庭、试点高校等的支持策略和改革举措提出针对性建议。三是运用多种研究方法研究。本书一方面采用量化研究对强基生的整体特征和关键能力进行描述和对比评价;另一方面采用质性分析方式,对强基生的所思所为进行深度描绘,力求呈现丰富、生动、立体的强基生形象,并以此来评价"强基计划"政策实施对他们产生的现实影响,弥补量化研究的不可为领域。

　　当然,本书研究也存在一些不足。首先,"强基计划"是个动态实施的过程,不同试点高校对政策的理解和资源支持条件均会影响他们对强基生的选拔和培养结果,从而对强基生的身心发展带来影响甚至毫无影响。研究过程中,我们发现了很多有趣的议题,比如试点高校的招生宣传科学性、准确性,强基生对于不同学校"强基计划"实施方案的观察和理解,强基生对于该项政策未来改革方向的意见和建议等,这些对于我们理解和评估"强基计划"的实施效果均有很大帮助,但限于篇幅限制,本书无法一一呈现。其次,"强基计划"选拔培养的基础学科拔尖人才具有多种能力特质,包括认知层面和非认知层面,因此对试点高校选拔培养效果的评价也应涉及多个维度。因篇幅限制,本书仅挑选了一些关键的指标进行评价。再次,在评价试点高校的"强基计划"选拔效果(如专业兴趣)时,鉴于数据可获得性,仅使用对一所试点高校的调查数据进行评估,尽管在调查过程中充分考虑到样本的代表性和结构性,但仍存在样本量偏小的问题。此外,在考察"强基计划"试点高校的培养效果时,考虑政策实施的时间较短以及数据可获得性,本部分主要采用质性分析的方式开展研究,有待增加量化数据的分析支撑。

基础学科拔尖人才的培养是一个长期的、系统的工程。关于这一议题的研究也应持续进行。未来就基础学科拔尖人才的选拔培养效果评估研究而言,可以在以下方面进行拓展:一是对"强基计划"招生选拔效果的评估,可以搜集不同高校的数据或者同一院校多年的新生调查数据进行更为系统的探究。二是对"强基计划"培养效果评估时,一方面采集不同试点高校本科生的在校发展数据及追踪数据,另一方面通过科学的计量方法重点分析教师支持、同伴互动、院系培养模式等不同因素对强基生各方面发展的影响。同时,关注不同试点高校、同一试点高校不同院系的培养模式差异对强基生培养效果所产生的影响。三是在评估政策效果时,基于政策、实践、理论三重视角来审视"强基计划"政策的执行过程与效果,体现理论性、实践性和政策性的有效结合。

后　记

　　关于"强基计划"政策的正式研究开启于 2020 年秋季。博士毕业后,受北京大学"博雅博士后"的资助,我顺利进入北京大学教育学院从事博士后研究工作。对我来说,入站后要做的第一件事是申请中国博士后科学基金,为个人的研究寻求资金支持。但问题来了:我到底要开展什么研究？记得那个暑期,结合我的博士论文方向,我罗列了多个感兴趣的主题,通过电话向博士生导师袁振国教授汇报选题情况以及研究进展,袁老师即使再忙也会抽出时间回应我的问题,每次与他交流完都让我产生这样的感觉:这个研究可以做！这个研究不仅能做,还可以这样做！与此同时,我也会借助在校的机会,兴冲冲地跑去博士后合作导师阎凤桥教授的办公室求教。他每次都在耐心地听我讲完个人观点和规划后,提出针对性的意见并给予我鼓励,为我厘清研究思路和确立选题提供了巨大支持。在两位导师的指导和支持下,我坚定地选择了"强基计划"这个研究主题,并幸运地先后获得中国博士后科学基金面上资助和国家社会科学基金教育学青年课题的资助,开启了我的研究之旅。

　　博士后期间,除了袁老师和阎老师的精心指导外,我研究工作的顺利开展离不开中心副主任马莉萍老师的引领和帮助。进入教育学院前,就听其他学生赞誉马老师是"最美女教师"。短暂两年中,我切身感知到这种美不仅体现在她美丽的形象,更在于其人格的魅力。"强基计划"研究开展时,每次想到要研究的话题或者遇到的难题时,我都会和马老师讨论交流,而她的建议让我获益匪浅。《谁被"强基计划"录取》《哪些高中-大学衔接活动影响学生的专业兴趣》,以及后续论文的成文和发表都与她的指导密不可分。从她身上,我更是学习到了如何开展研究、如何进行合作研究、如何与学生打成一片等。同时,中心副主任朱红老师,对我的研究也给予了诸多启发性的建议,促使我对于研究问题的认识和思考更加深入;而她乐观的性格和爽朗的笑声,每每都让我感到亲切。此外,华东师范大学的朱军文老师、黄忠敬老师、杨九诠老师、刘世清老师,以及北京大学的秦春华老师、卢晓东老师、刘云杉老师、蒋凯老师、蒋承老师等,都对我的研究提出了适切建议并对我的个人发展关怀有加,在此一并感谢!

入职上海交通大学教育学院后,我依然持续推进"强基计划"的研究,同时逐步完成书稿后半部分的资料搜集和撰写工作。这个过程中,一直关心我的两位导师、黄忠敬老师、交大教育学院的王琳媛书记、刘念才院长、赵文华主任以及其他诸多老师,都无私地向我提供了许多中肯建议和鼓励支持,这是个人研究得以稳步推进的强大动力。

当然,本研究的开展离不开受访者们的支持和帮助,如一些试点高校的院系负责人、招生人员,不同学科专业的强基生们。尤其是这些愿意接受访谈并真诚分享个人经历与想法的强基生同学,在短暂的访谈过程中,他们向我倾诉了个人困惑、大学经历,以及对于"强基计划"的思考和感受。一些学生表明了自己对所选择专业的热爱甚至投身于国家建设的志向,让我为之深深感动,并为之感到骄傲!一些学生讲述了自己在大学期间专业兴趣的转变历程,以及对专业逐步加深的理解,让我深刻体会到导师引领、学院支持对这些青年学子发展所产生的重大影响!一些学生描绘了将习得的专业知识与个人的兴趣爱好相结合的设想与实践,如通过撰写考古类题材的小说来向大众普及考古知识,让我更加深入地了解到当代青年的所思所想与责任担当!鉴于研究伦理,本书只能在这里对这些受访者统一表示感谢。

本书的完稿也离不开一些参与课题后期研究的交大研究生和本科生同学。

例如,上海交通大学教育学院的硕士生腾沁芜和黄珂(2024级)、化学化工学院的王劲遥同学(2021级)、数学科学学院的王雨阳同学(2022级)、物理与天文学院的冉伟男同学(2022级)以及医学院的刘冯晗馨同学(2023级),他们均对"强基计划"政策研究非常感兴趣,积极参与了访谈和资料整理工作(后几位同学更是具有"强基计划"学生的身份)。其中,王劲遥、王雨阳和刘冯晗馨三位同学结合自身兴趣和意愿,与我合作开展了部分主题的研究工作,同时也积极参与了本书第7—9章部分内容的讨论,并为文稿的修改完善提出了一些创新观点。

最后,感谢国家社会科学基金教育学青年课题——"'强基计划'政策执行过程监测与效果评估研究"(课题批准号:CGA210243)的资助,为研究开展提供了资金保障。感谢华东师范大学出版社的支持,为本书出版提供了机会,感谢出版社林青荻老师以及其他评审老师在书稿完成与完善过程中给予的各类支持。当然,限于时间和精力,本书编写的不足之处在所难免,敬请同仁和读者批评指正。

崔海丽
2024年1月5日,于上海交通大学陈瑞球楼